国家自然科学基金项目(51774229、51474173)资助
陕西省创新能力支撑计划(科技创新团队)项目(2018TD-038)资助
陕西省自然科学基础研究计划-陕煤联合基金项目(2019JLM-41)资助

浅埋煤层长壁间隔式保水开采技术基础研究

张 杰 / 著

U0337758

中国矿业大学出版社

·徐州·

内 容 提 要

本书以具有浅埋煤层特征的榆神府矿区(榆神矿区与神府矿区组成)为研究对象,基于流固耦合作用和岩层控制的学术思想,通过理论研究、实验研究、数值分析及现场工程类比和应用,系统研究了浅埋煤层开采过程中水岩破坏的相互耦合作用、主关键层或组合关键层对岩层运动和导水裂隙发展规律的影响、长壁间隔式推进的合理推进距离和煤柱的稳定性等内容,提出了适合中小型煤矿的长壁间隔式推进保水开采方法。

本书可作为普通高校院校采矿工程专业教材使用,也可供采矿工程及相关专业的研究人员以及生产技术人员参考。

图书在版编目(C I P)数据

浅埋煤层长壁间隔式保水开采技术基础研究/张杰
著.—徐州:中国矿业大学出版社,2020.7
ISBN 978 - 7 - 5646 - 4756 - 8

Ⅰ.①浅… Ⅱ.①张… Ⅲ.①薄煤层采煤法—长壁采
煤法 Ⅳ.①TD823.25

中国版本图书馆 CIP 数据核字(2020)第 118211 号

书　　名	浅埋煤层长壁间隔式保水开采技术基础研究
著　　者	张　杰
责任编辑	黄本斌　李士峰
出版发行	中国矿业大学出版社有限责任公司
	(江苏省徐州市解放南路　邮编 221008)
营销热线	(0516)83884103　83885105
出版服务	(0516)83995789　83884920
网　　址	http://www.cumtp.com　**E-mail**:cumtpvip@cumtp.com
印　　刷	宿州市虹桥文化传媒有限公司
开　　本	787 mm×1092 mm　1/16　**印张** 9.75　**字数** 186 千字
版次印次	2020 年 7 月第 1 版　2020 年 7 月第 1 次印刷
定　　价	36.00 元

(图书出现印装质量问题,本社负责调换)

前　言

对榆神府矿区浅埋煤层十多年来的研究和实践表明,房柱式开采造成煤炭资源的巨大浪费,综合机械化开采引起地下潜水水位下降而使植被枯死,最终导致生态环境彻底恶化。因此,要促进矿区的开发与区域经济的持续健康发展,实现绿色采矿,应保持地下潜水水位不降低。而采用一种既能实现矿区水资源保护,又能充分开采煤炭资源的开采方法是实现保水采煤的关键。本书基于流固耦合作用和岩层控制的学术思想,通过理论研究、相似材料模拟实验、数值分析及现场工程类比和应用,系统研究了浅埋煤层开采过程中水岩破坏的相互耦合作用、主关键层或组合关键层对岩层运动和导水裂隙发展规律的影响、长壁间隔式推进的合理推进距离和煤柱的稳定性等内容,提出了适合中小型煤矿的长壁间隔式推进保水开采方法。

在实验中,研制了以石蜡为胶凝剂的流固两相相似模拟实验材料,完善了流固耦合相似模拟实验平台的应力、位移、渗流测试系统及测试技术。实验材料的弹性力学参数和渗流力学参数与原型相似,并具有良好的非亲水性能,满足两相相似模拟实验要求。该实验材料的研制和实验技术的完善突破了传统的固体相似模拟,使地下保水开采相似材料模拟研究取得了突破性进展,也为以后研究渗流场与应力场的耦合作用开辟了新的途径。通过不同地质条件下的流固耦合相似材料模拟实验,提出了影响浅埋煤层长壁间隔式推进保水开采的四个主要因素,即主关键层或组合关键层层位、煤层采高、极限破断距和潜水渗流特征。主关键层或组合关键层层位越高、极限破断距越大,工作面的保水推进距离越大;煤层采高越小,主关键层或组合关键层越容易进入弯曲下沉带,进入弯曲下沉带的条件是主关键层或组合关键层层位高与采高之比不小于 11;围岩中潜水渗流活动越明显,顶板流固耦合损伤越严重,隔水保护层越不稳定。对采场覆岩破坏的流固耦合作用的数值模拟研究表明,有水作用下与无水作用下相比,采场覆岩整体垮落时工作面的推进距离减小了 10.7％。

书中探讨了地表厚松散层浅埋煤层中组合关键层的形成机理,以及覆岩的属性和空间配置对组合效应的影响。在考虑开采过程中流固耦合损伤积累的基础上,提出了组合关键层的流固耦合损伤变量因子。在考虑组合效应、流固耦合损伤以及采高影响时,进行了组合关键层破断距公式的修正,并确定了长壁间隔式推进保水开采工作面合理推进距离的计算公式。分析了间隔隔离煤柱和临时煤柱的稳定性,提出了在 2 m 采高沙土基型浅埋煤层中采用间隔临时煤柱保水开采的新思路。现场工程类比和应用进一步证明了长壁间隔式推进开采方法和参数的正确性。

本书的完成,得益于导师侯忠杰教授的悉心指导。书中内容包括课题组十多年来的理论与物理相似模拟研究成果及现场实测资料等。在实验研究过程中,得到了西安科技大学采矿系同方向老师、实验室老师及同门师兄弟的大力支持和帮助,在此对他们表示衷心感谢! 在现场测试过程中,得到了陕西南梁矿业有限公司付二军高级工程师、陕西涌鑫矿业有限责任公司刘保国高级工程师、雷旭轮高级工程师、刘辉工程师、陕西陕北矿业韩家湾煤炭有限公司霍军鹏工程师等现场领导和工作人员的大力支持和帮助,一并向他们表示诚挚感谢!

榆神府矿区保水采煤是一个巨大的系统工程,本书所涉及的仅仅是其部分重要的基础性问题,大量的细致研究工作还需今后进一步深入跟进。由于作者能力和水平所限,书中难免存在疏漏之处,恳请同行专家及读者批评、指正。

作　者

2019 年 12 月

目　　录

1　绪　　论

1.1　研究的背景

1.1.1　水资源破坏导致矿区生态环境恶化

　　榆神府矿区地处毛乌素沙漠南缘,该地区煤炭储量丰富,仅神府煤田探明储量就达 1 339 多亿吨,为世界七大煤田之一[1]。自 20 世纪 80 年代以来,国家对榆神府矿区进行了大规模的投资开发。目前已有数对特大型矿井生产,其中大柳塔等矿年产量已超过 2 000 万吨。另外,还有近 400 对中小型矿井和地方小煤矿开采,中小型煤矿的生产占有重要地位。

　　该矿区煤层埋藏浅,埋深一般在 100 m 左右,煤层上覆基岩薄,煤层开采会导致地表沉陷,这不仅导致水资源流失,而且造成地表风积沙流动,耕地、草场风蚀沙化或为流沙所侵占,导致农作物产量降低,土地生产潜力下降,最终造成可利用土地资源丧失[2]。生态环境是矿区开发可持续发展的重要组成部分。一方面,随着矿区资源的开发,矿区水土流失严重,每年新增入黄河泥沙达 2.019×10^7 t[3]。另一方面,矿井开采破坏波及基岩和地表,导致地下潜水水位大幅度下降,从而造成植物枯死、农作物旱死、荒漠化面积扩大,生态环境进一步恶化[4],如图 1-1 所示。如神府矿区大柳塔煤矿 1203 工作面,采深 40～60 m,来压时顶板台阶下沉直通地表,使松散层下的丰富潜水直泻工作面,最大涌水量达 500 m³/h,不仅淹没工作面,影响生产,而且导致靠近地表的宝贵水资源流失。随着西部大开发战略的实施,这种粗放式开采必将使生态环境问题更加突出,反过来也必将严重制约其经济发展。

　　又如我国的产煤大省山西省,在过去的几十年里,由于煤炭开采每年破坏地下水 4.2×10^8 m³,导致地表水减少或断流,水位下降或干涸的水井有 3 218 口,影响水利工程 433 处、水库 40 座、输水管道 793 890 m,造成 1 678 个村庄、81.3 万人、10.8 万头牲畜饮水困难。这使本来就缺水的山西省生态环境受到进一步的破坏[5]。

　　现场调研表明,潜水水位接近地表或溢出地表时,不仅可以促进植物的生

图 1-1　干涸的鸡沟河河床

长,而且由于土的含水量较大,风难以吹起沙层,水土流失也难以出现,环境质量较好。当潜水水位降低到草本植物仍能直接或间接吸收的位置时,该区域能生长出大量草本植物及灌、乔木植物,水土流失、沙漠化也不易发生,且环境质量往往也较好。当潜水水位继续降低时,会导致部分草本植物因缺水而逐渐死亡,但耐旱耐酷热的草本植物仍能残存,对根系较为发达的灌木仍没有大的影响。当潜水水位进一步下降,即使灌木也难以幸免,乔木植物也会随之死亡,此时即使仍有未枯死的蒿艾野草,也抵挡不住风沙侵袭,因而最终导致生态环境质量的彻底恶化[6]。所以,只有保持地下潜水水位不降低,才能真正达到保护环境的目的。

1.1.2　渗流场影响岩体工程的稳定

工程岩体的出现形成了受人工干扰的地下水渗流场,从而改变了地下水对岩体的力学作用强度、范围以及形式,最终影响岩体的稳定性[7]。在我国煤矿开采中,据统计大约有 60％的煤矿不同程度地受到水的影响,受水灾害的面积和严重程度均居世界各主要产煤国首位[8]。1984 年 6 月 2 日,唐山范各庄矿发生了世界罕见的矿井大突水事故,其涌水量达 2 053 m³/min,11 h 矿井一、二水平全被淹没。2001 年广西南丹发生"7·17"特大淹井事故,拉甲坡矿对存在透水隐患的工作面爆破时未采取防范措施,使位于下方的恒源矿老塘与上部的拉甲坡矿 3 号工作面之间 0.3～0.4 m 厚的隔水岩体产生脆性破坏,积水在强大水压作用下,击穿隔水岩体,形成一个长径 3 m、短径 1.2 m 的椭圆形透水口,先后使拉甲坡矿 3 个工作面、龙山矿 2 个工作面、田角锌矿 1 个工作面被淹,造成 81 人遇难。2005 年广东兴宁大兴煤矿的"8·7"特别重大透水事故,造成被困矿工 123 人全部遇难,井下原有巷道和设备遭到破坏。这些矿井突水大多是人工开挖产生的地下水渗流场和岩体应力场的重新分布引起的。

　　在榆神府煤田开发过程中,也曾经发生过几次涌水溃砂灾害[9]。如磁窑湾煤矿是一座生产能力 45 万 t/a 的地方国有煤矿,涌水溃砂淹井给矿井造成了巨大损失;大柳塔煤矿 1203 工作面推进到距开切眼煤壁 27.6 m 时,工作面中部顶板沿煤壁切落,工作面台阶下沉一直发展到地表,砂层下的潜水沿顶板断裂裂隙涌入工作面将采煤机淹没,轨道和机尾处水深达 1.0 m。2004 年 3 月,榆阳区上河煤矿发生的冒顶突水事故,最大涌水量达 500 m³/h,共涌出水量 4.6×10^5 m³,几乎淹没了整个矿井,直接经济损失几千万元,并使得煤层顶部 30 m 处宝贵的承压裂隙潜水(优质矿泉水)遭到巨大破坏。

　　另外,流固耦合破坏作用在水利、水电及其他地下工程中也常常存在。如 1959 年法国 66.5 m 高的马尔帕赛拱坝在初次蓄水时溃决[10]。意大利瓦依昂拱坝坝高 265 m,在水库水位上升时,左岸距大坝 1.8 km 处发生约 2.5×10^8 m³ 的大型滑坡,引起水库涌浪超越坝顶,致使下游一村庄被毁,2 500 人丧生[11]。

1.2　研究目的和意义

　　长期以来,煤炭开采都将水视为灾害来治理,对其实行"疏、排、堵、截"为主的治理方式。在煤炭开采过程中,不论是因为人为的疏干排水,还是因为采动导水裂隙对含水层的自然疏干,都会不同程度地影响或破坏含水层,造成地下水资源的极大浪费。而水是生命之源,水资源是矿区可持续发展的关键,有足够的水资源,才能促进矿区的开发与区域经济的持续发展,实现人与自然和谐相处[12]。本书主要通过对浅埋煤层开采过程中水岩破坏的相互耦合作用研究,探讨煤层上覆岩层的运动破坏以及裂隙发育规律,提出适合浅埋煤层的各种可行的保水开采方法和开采参数,从而实现榆神府矿区中小型煤矿既达到保护水资源,又能充分开采煤炭资源的目的。因此,无论从自然环境和资源开发协调发展的角度出发,还是解决矿山企业自身发展的生产和生活用水问题,深入研究采煤过程中水资源保护相关理论和流固耦合应用的基础问题是十分必要和迫切的,是绿色采矿技术的重要内容之一。

1.3　国内外研究现状及存在的问题

1.3.1　浅埋煤层矿压规律研究

　　国外浅埋煤层开采较为典型的是莫斯科近郊煤田和美国阿巴契亚煤田,印度和澳大利亚也在进行浅埋煤层开采,并对埋深在 100 m 以上的煤层开采沉陷规律进行了长期卓有成效的研究,已有大量用于采矿的预计沉陷规律的方法和软件,但对 100 m 以内的浅埋煤层,因其地表为不连续运动而研究甚少。对于浅埋煤层矿压显现规律研究最早的是苏联的秦巴列维奇,他根据莫斯科近郊浅埋深条件提出了台阶下沉假说,认为当煤层埋藏较浅时,随着工作面推进,顶板将呈斜方六面体沿着向煤壁的斜面垮落直至地表,支架上所受的力应考虑整个上覆岩层中载荷的作用。

许家林等[13]针对神东矿区活鸡兔井工作面过沟谷地形时发生的动载矿压问题,通过现场实测、理论分析与模拟实验,就沟谷地形对浅埋煤层开采动载矿压显现的影响机理进行了深入研究。结果表明:浅埋煤层开采工作面过沟谷地形上坡段时易发生端面切顶、冒顶和支架活柱急剧下缩的动载矿压。由于覆岩主关键层在沟谷段受侵蚀影响而缺失,工作面过上坡段时主关键层破断块体缺少侧向水平挤压力作用,不易形成稳定的"砌体梁"结构而滑落失稳,使得作用在下部单一关键层结构上的载荷明显增大而产生滑落失稳,从而引起工作面的动载矿压。若沟谷地形中主关键层未缺失,则浅埋煤层工作面过沟谷地形上坡段时一般不易产生动载矿压。

张志强等[14]针对神东矿区活鸡兔井在沟谷地形下工作面动载矿压灾害问题,通过理论分析和模拟实验,就沟谷深度对工作面动载矿压的影响规律进行了研究。结果表明:当工作面推进到沟谷区域时,沟谷越深,覆岩主关键层(PKS)被侵蚀的可能性越大,由于沟谷上坡段被侵蚀的 PKS 块体不能够形成稳定的"砌体梁"结构而产生失稳,从而使亚关键层(SKS)结构块体承受的载荷迅速增大,导致工作面发生动载矿压灾害事故;反之,若沟谷较浅,PKS 块体未被侵蚀,则一般不会发生矿压事故。

为了研究薄基岩浅埋煤层矿压规律,防止因薄基岩浅埋煤层工作面发生切顶而引起工作面涌水溃砂事故的发生,高登云和高登彦[15]通过对大柳塔煤矿22614 工作面现场矿压观测,得出了薄基岩浅埋煤层工作面矿压显现规律。结果表明:工作面上覆基岩厚度大于 10 m 的区域,工作面顶板来压比较明显,支架动载系数相对较大;工作面上覆基岩厚度小于 10 m 的区域,工作面顶板来压不明显。

任艳芳和齐庆新[16]研究了浅埋深长壁工作面围岩应力场特征,得出上覆岩层中可形成承压拱结构,该结构能否稳定存在直接关系工作面矿压显现,并提出将承压拱结构能否稳定存在作为判别某一煤层是否为浅埋煤层的方法。分析了采高和工作面长度对承压拱结构稳定性的影响程度。结果表明:采高对承压拱结构的临界高度及结构稳定性影响十分显著,当采高达到一定值后,上覆岩层中不能形成稳定的承压拱结构;工作面长度对于承压拱结构的稳定性具有很大影响,但当工作面达到临界长度时,再加长工作面对覆岩结构稳定性影响程度降低。

宋选民等[17]通过对神府—东胜(神东)矿区上湾煤矿 1⁻² 煤层 51101 工作面(面长 240 m)与 51104 工作面(面长 300 m)工业开采试验的观测研究,探讨了工作面长度增加对矿压显现强度的影响,得出大采高超长工作面来压步距变小、周期来压显现强度趋于缓和、矿压分布特征呈现以工作面中部为对称轴的二次抛物线关系、支架末阻力-初撑力符合线性回归关系、工作面正常开采的非来压期间支架载荷增加、随着工作面长度增加呈现总体的矿压显现强度增加以及采场顶板来压冲击载荷远比支架最大工作阻力大等许多新结论。

黄庆享和周金龙[18]基于对榆神府矿区的大量实测分析,得出大采高工作面支架工作阻力随采高的增大呈现非线性增大,在采高增大到 6 m 后支架载荷迅速增大。支架动载系数随采高的变化不大,一般为 1.4 左右。工作面顶板来压步距随采高变化不大,初次来压步距 35～70 m,周期来压步距 9～20 m。顶板垮落带高度为采高的 2～4 倍,随采高的增大呈现线性增大。工作面超前支承压力峰值随采高的增大略有降低,峰值位置距煤壁距离约为采高的 2 倍。根据现场实测和物理模拟分析,大采高工作面顶板形成“厚等效直接顶”,使基本顶关键层铰接结构层位上移。根据直接顶充填条件,可分为充分充填型和一般充填型两类。针对常见的一般充填条件,提出了大采高工作面顶板的直接顶“短悬臂梁”结构和基本顶关键层“高位斜台阶岩梁”结构模型,给出了工作面额定支护阻力的计算公式,揭示了大采高工作面来压机理。

1990 年,西安矿业学院矿山压力研究所的侯忠杰教授对华能精煤神府公司大柳塔煤矿 C202 试采工作面进行了实测[19]。实测表明:工作面周期来压明显,活动剧烈,支柱动载系数 2.3～4.3,有明显的台阶下沉现象,台阶下沉量达 350～600 mm,浅埋煤层开采矿压显现并不缓和。此后又对大柳塔煤矿第一个综采工作面 1203 工作面进行了采前模拟,认为采高 3 m 和 4 m 时煤壁上方产生贯通型断裂隙,并在基岩下部发生闭合,工作面被溃砂埋没的可能性较小,从而将开采高度由原来的 2.8 m 提高到 4.0 m,为企业带来了数千万元的经济效益。通过对 1203 工作面矿压观测发现,工作面初次来压时顶板出现自工作面到地表沿煤壁的全厚度切落,周期来压时顶板同样为覆岩全厚整体切落,但顶板破断线在支架后方,煤壁处未有明显切落[19]。在通过一系列有关神府矿区薄基岩富水厚砂层防治采动涌水溃砂研究的基础上,总结提出了组合关键层等理论[20-23]。

黄庆享教授所著的《浅埋煤层长壁开采顶板结构及岩层控制研究》一书,建立了以顶板结构及其稳定性为核心的浅埋煤层顶板控制理论框架,揭示了浅埋煤层采场矿压显现规律,指出浅埋煤层采场支架处于“给定失稳载荷”状态,在顶板载荷确定中引入载荷传递因子,按支架与围岩共同承载的观点给出了采场支护阻力确定的基本思路[24]。同时通过大量的实验和理论研究,得出了浅埋煤层厚沙土层的破坏规律,并通过对动态载荷智能采集系统的开发应用,获得了厚沙土层动态载荷的一些有益的特征和数据,进一步对浅埋煤层厚沙土层动态载荷传递机理以及载荷传递因子进行了研究,并最终对载荷传递因子进行了确定[25-29]。此后,西安科技大学陕西省岩层控制重点实验室又将开采引起的水土流失问题作为长远研究方向,石平五、张杰、黄庆享等为开展此类研究研制了"固液耦合模拟实验装置",为此后的研究提供了实验基础[30-31]。

1.3.2 浅埋煤层保水开采研究

美国、澳大利亚等发达国家均有浅埋煤层,特别是美国浅埋煤层煤炭储量极为丰富,有关学者对开采沉陷破坏规律进行了长期卓有成效的研究,已拥有大量预计采动损害的方法和计算软件,能够指导开采参数的正确选择。然而由于美国井工开采以房柱采煤方法为主,同时美国有相关的矿业开采与环境保护的法规,因而基本实现了开采与环保的良性循环,没有专门针对保水开采的成果。

在 20 世纪 70 年代以前,国内煤炭资源开采多集中在开采技术条件较好的地区,因此,对导水裂隙带高度的研究基本上处于认识性阶段。这些都主要是从岩层移动造成的地质灾害出发,定性分析煤岩层的地质环境条件,进而利用类比法对导水裂隙带高度进行初步预计。

为满足水体下采煤的技术需要,科研人员开展了大量的裂隙带现场观测和试验性研究工作(相似材料模拟技术),在矿区裂隙带现场观测资料和试验性研究的基础上,结合煤层的采出厚度、岩体的强度类型等,总结出不同覆岩类型条件下,煤层采出厚度与垮落带高度、裂隙带高度的相关关系式,并以此来指导实际生产。该阶段主要以覆岩体工程地质环境和岩体力学环境为主要研究内容,以导水裂隙带高度与岩体强度类型之间的关系为研究重点。如刘天泉等对水平煤层、缓倾斜煤层、急倾斜煤层开采引起的覆岩破坏与地表移动规律做了深入的研究[32],提出了导水裂隙带概念,建立了垮落带与导水裂隙带高度计算公式,为提高煤层开采上限,减少煤炭资源损失做出了很大贡献。许家林等[33]在深入研究覆岩关键层对导水裂隙发育高度影响规律的基础上,提出了通过覆岩关键层位置来预计导水裂隙带高度的新方法。胡小娟等[34]在分析了导水裂隙带发育高度受多种因素影响的前提下,提出了新的参数指标,即硬岩岩性比例系数代替顶板岩层单轴抗压强度,避免了现行规范中坚硬、中硬、软弱、极软弱顶板类型划分时单轴抗压强度统计不确定问题,以及未反映顶板软硬岩层组合结构问题。刘树才等[35]通过实验测定了不同岩样在充水条件下应力-应变全程电阻率的变化,给出了在采动过程中煤层底板岩层产生导水裂隙时的导电性变化规律,并以此为基础建立底板采动导水裂隙带动态演化地电模型。

20世纪90年代至今,我国开展了水体下采煤的专题研究,取得了不少突破性进展,开始引入现代统计数学、损伤力学、断裂力学、弹塑性力学、流变力学等理论和现代测试技术及计算机技术。对地质构造、地层岩性、水文地质特征、岩体结构等进行了研究。对裂隙带的演变过程、形成机制和预测方法进行了研究,主要成果有:

许家林和钱鸣高等[36-38]确立了绿色开采技术框架,提出了保水开采技术体系。缪协兴等[39]提出了在控制采场顶底板水运移中隔水关键层的概念,建立了复合隔水关键层的基本力学模型。范立民[40]对目前保水采煤技术现状及最新进展进行了全面总结,提出了以控制生态水位为核心的科学采煤技术研究方法。刘建功[41]基于煤矿开采对生态环境的扰动影响,提出了低碳生态矿山的概念,探讨了低碳生态矿山建设模式及评价指标体系。张东升等[42]对厚煤层综采技术的适应性与生态环境的关系提出了初步构想与展望,拓宽了我国大型煤炭基地绿色发展的建设思路。马立强等[43]研究了浅埋煤层大采高长壁工作面的采动覆岩导水通道的分布特征。

顾大钊等[44]系统分析了煤炭开采水资源保护利用的技术进展及工程应用特点,介绍了神华集团近20年的技术探索和工程实践,突破了传统理念,首次提出了采空区储用矿井水的技术构想,攻克了水源预测、水库选址、库容计算、坝体构筑、安全控制和水质保障等技术难题,构建了煤矿地下水库技术体系。

张东升等[45]围绕西北煤炭开采中水资源保护基础理论研究中的关键科学问题,介绍了西北煤田地层结构特征、采动覆岩结构与隔水层稳定性时空演变规律和水资源保护性采煤机理与控制理论等方面的研究进展情况。构建了西北矿区不同生态地质环境类型生态-水-煤系地层空间赋存结构模型,分析了浅表层水分布特征与水循环运移规律;提出了覆岩裂隙表述和重构方法,构建了上位隔水层-中位阻隔层-下位基本顶结构协同变化模型和渐序变化模型;构建了该区初、复采煤层保水开采技术适用性分类方法体系,探索了新式短壁保水采煤方法,为构建基于水资源保护的西北煤炭科学开采方法体系奠定了基础。

李治学[46]对采矿工程中存在的环境问题、应用绿色开采技术的必要性和重要意义以及绿色开采技术的相关技术体系等三个方面进行了具体的分析和探析,详细地论述了采矿工程中绿色开采技术的应用情况。

侯忠杰和张杰[47-48]针对长期以来没有寻找到合适的相似材料,井工开采固液耦合实验一直没有突破性进展的问题,通过大量实验筛选,得到石蜡适合作固液耦合实验的胶凝剂,并制作出试件物理力学参数随不同相似材料配比的变化规律,从而获得榆神府矿区各岩层相似材料配比。在此基础上,对保水开采中覆岩破坏"三带"的发展规律进行了相似材料模拟实验研究。实验表明:在基岩厚度较大的浅埋煤层开采中,覆岩垮落不是整体切落,而是有"三带"存在。同时,实验揭示了"三带"的高度、覆岩的下沉与采高的关系,表明在基岩厚度较大、隔水土层较厚的浅埋煤层中采用分层开采可实现保水开采。

马立强等[49]以神东矿区浅埋煤层采矿地质条件为例,研究了采动覆岩中软弱隔水岩层裂隙演变的力学机理与规律。在分析浅埋煤层薄基岩顶部风化带岩层的隔水性和覆岩裂隙发育规律的基础上,建立了平板力学模型,采用薄板理论中的差分法,应用应变分析原理,结合下伏垮冒岩层的弹性地基特性,研究了薄基岩浅埋煤层长壁工作面覆岩活动规律和软弱隔水层板的裂隙演化机理及发育过程,得到了覆岩中软弱隔水岩层破裂距离与弹性地基常数的关系,以及不同开采空间对应的极限弹性地基常数。

王双明等[50]研究揭示了矿区合理生态地下水位埋深为1.5～5.0 m,煤层开采的导水裂隙导致地下水位下降,地表生态退化,故控制地下水位是生态脆弱矿区科学开采的关键。开采实践和室内模拟实验表明:当煤层上覆隔水岩组厚度≥35倍采高时,煤层开采不会导致地下水位下降;当煤层上覆隔水岩组厚度≤18倍采高时,煤层开采会破坏隔水层,导致水位下降;当煤层上覆隔水岩组厚度在18～35倍采高时,可采取"限制采高"等措施实现保水开采。以控制地下水位为目标,以采动隔水层稳定性分区为基础,以采煤方法规划为手段的开采方法是生态脆弱矿区煤炭资源科学开采的有效途径。

刘建功和赵利涛[51]针对煤矿开采导致矿区水资源环境严重破坏的问题,根据矿区顶板含水层赋存特征,提出了基于充填采煤的保水开采理论和技术。运用充填采煤顶板运移规律和控制机理,构建了充填采煤顶板含水层稳定性的力学模型,并得出了顶板含水层稳定性的边界条件,运用相似模拟实验分析验证了充填采煤对顶板含水层的保护机理及作用。

黄庆享等[52-53]基于陕北浅埋煤层煤水赋存条件,通过物理模拟和地裂缝实测分析,揭示了浅埋煤层隔水岩组的"上行裂隙"和"下行裂隙"发育规律,发现了"上行裂隙"和"下行裂隙"的导通性决定着隔水岩组的隔水性。通过理论分析,给出了"上行裂隙带"发育高度和"下行裂隙带"发育深度的计算公式,建立了以隔水岩组厚度与采高之比(隔采比)为指标的隔水岩组隔水性判据。基于"上行裂隙"和"下行裂隙"对隔水岩组稳定性的影响,建立了2个充填条带的非水平五跨连续梁力学模型,并给出了其覆岩结构,求出了岩梁的应力和弯矩表达式。

李文平等[54]从环境工程地质学角度出发采用GIS方法,在模拟采动后各地区"三带"高度、地面沉降值等研究基础上,对水位和水量进行了预测和量化分析,如图1-2和图1-3所示。

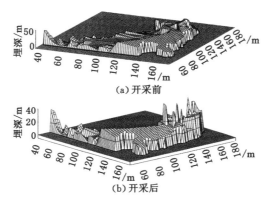

图 1-2 开采前后潜水水位埋深[54]

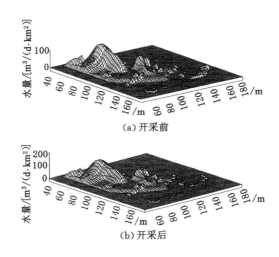

图 1-3 开采前后潜水水量[54]

进入 21 世纪以来,笔者跟随导师侯忠杰教授开始进行榆神府矿区荒漠化防治的研究工作,研究关键隔水层保水机理。在陕北矿区荒漠化防治研究中提出浅埋煤层限高、限域和长壁间隔式推进保水开采方案[55-57]。

为了解决岩层控制中更为广泛的问题,钱鸣高院士提出了岩层控制的关键层理论。关键层理论提出的目的之一是研究覆岩中厚硬岩层对层状矿体开采中节理裂隙的分布与突水防治以及开采沉陷控制等的影响。关键层理论为绿色开采的研究提供了理论平台,煤层开采后,随着关键层的破断,在该区域内地下水将形成下降漏斗,地下水位能否恢复,决定于随着工作面的推进,上覆岩层中是否有软弱岩层(事实上它是研究地下水渗漏的"关键层")经重新压实导致裂隙闭合而形成新的隔水层,即研究开采后地表水暂时形成下降漏斗仍能恢复到原来状态的开采技术[58]。

从以上研究可以看出:国内外学者对浅埋煤层顶板结构、灾害机理及控制进行了深入、细致的研究。但是,对厚松散层富含水的浅埋煤层保水开采研究甚少,国外基本上没有专门针对保水开采的成果。我国水体下开采主要以覆岩的"三带"理论为基础,但其出发点是如何安全地采出矿产资源,而不是对水资源的保护,因此所采用的"三带"计算公式都是基于防水的经验算法。对榆神府矿区主要也是论证了保水采煤的可能性,评价了地质环境质量现状及其采动后的影响,没有从工程实际问题出发研究流固耦合作用下岩体的破坏规律以及浅埋煤层的保水开采。

1.3.3 岩体工程中的流固耦合作用

（1）单裂隙面的流固耦合规律研究

自从 1959 年 12 月法国的马尔巴塞(Malpasset)拱坝失事以后,裂隙岩体渗流问题日益受到人们的重视,国外学者做了大量的研究,获得了丰富的研究成果,对岩体渗流理论及其应用做出了重大贡献。许多人通过实验及理论分析,研究了单一裂隙渗流与应力的关系,主要研究成果有:

琼斯(Jones)提出了碳酸盐岩类岩石裂隙渗透系数的经验公式[59]。J. Liu 根据裂隙岩体的实验结果也得出了相应的公式[60]。沃尔什(Walsh)等考虑穿过裂隙平面的接触面积对渗透系数的影响建立了有效裂隙面积与裂隙接触面积率的关系[61]。甘吉(Gangi)提出了钉床模型[62]。曾(Tsang)和威瑟斯庞(Witherspoon)在上述钉床模型的基础上提出了洞穴-凸起结合模型,很好地解释了单裂隙面渗流、力学及其耦合特性[63]。巴顿(Barton)等就岩体的剪切渗流耦合分析方面进行了实验,并对参数取值进行了研究,同时获得了一些耦合实验的直接经验公式和单裂隙面法向变形分析的间接公式,还有一些机理描述的理论模型[64-66]。

在我国也有不少学者在这个领域做了很多相关的研究,并且取得了可喜的研究成果。陈平等认为岩体变形与水力特性主要决定于岩体中的裂隙分布、密度和尺寸[67]。王媛等采用等效连续介质模型和离散裂隙单独分析相结合的方法进行复杂裂隙岩体的模拟,分别给出了多裂隙岩体介质和离散裂隙介质的弹塑性本构关系;首次采用四自由度全耦合法,建立了基于增量理论的复杂裂隙岩体渗流与应力弹塑性全耦合有限元方程组[68]。刘继山根据结构面的闭合变形法则,给出了可变形裂隙受正应力作用时的渗透系数、渗流量与正应力、水头之间关系的两个渗流公式,据此分析讨论了交叉裂隙的水力特性[69]。郑少河等基于自洽理论推导了复杂应力状态下含水裂隙岩体的本构关系及损伤演化方程,提出了考虑断裂损伤效应的裂隙岩体渗透张量表达式,建立了多裂隙岩体渗流损伤耦合的理论模型[70]。

张燕等[71]采用两相流理论,利用计算流体动力学开源软件平台 Open-FOAM 为研究工具,系统研究了包含大开度裂隙网络的岩体内部的高速非线性渗流的过程特征。计算结果精细地捕捉到了大开度裂隙网络高速渗流的进水、驱气、出水过程,揭示了渗流速度的分布、变化特征。

刘玉等[72]利用自制的水沙裂隙渗流实验仪器,通过改变沙粒径、含量等因素进行水沙渗透实验,获得水沙在裂隙中流动的滞后性特征。通过水沙裂隙渗流实验,得到了岩石裂隙中水沙渗流速度-压力梯度滞环曲线,分析了滞环曲线的特征,简单解释了滞后现象的原因。

赵延林等[73]从岩体结构力学和细观损伤力学的角度出发,根据裂隙发育与工程尺度的关系,建立了合理且适用的裂隙岩体渗流-损伤-断裂耦合数学模型,该模型能真实反映渗流场与应力场耦合作用下裂隙岩体的损伤演化特性,并能模拟由于渗透压的存在和变化引起的拟连续岩体内翼形裂纹的开裂、扩展和贯通等损伤演化特性和高序次贯通裂隙的张开、闭合。建立了考虑渗透压力的三维含水裂隙岩体弹塑性断裂损伤本构方程和损伤应力状态作用下的流体渗流方程,给出了该数学模型的求解策略与方法。

刘才华等[74]在对人工充填砂裂隙进行剪切实验的基础上,分析了剪应力和法向有效应力作用下裂隙岩石的渗流特性,并提出了二维应力作用下裂隙岩石渗流模型,即剪应力和法向有效应力耦合作用下的渗流公式。

曾亿山等[75]通过对较大尺寸的单裂隙岩体试块进行不同侧面加载的渗流实验,开展了单裂隙流固耦合渗流研究,模拟该废料贮藏库的围岩自由面的最危险部位渗流量应力耦合状态。分析了裂隙岩体渗流与应力的耦合机理,获得了几种典型情况下的实验数据,并拟合出不同应力条件下单裂隙岩体渗流量与应力间的数学经验公式。从而说明并非任一方向的应力增加都能使渗流量减小,而是裂隙岩体的渗流量随着双向压应力的增加而减小,随着平行于裂隙面方向的单向压应力的增加而增大。

杨金保等[76]通过开展单裂隙花岗岩不同围压加载、卸载和不同水力梯度作用下的渗透实验,研究了应力历史对裂隙渗透性能演化的影响。实验结果表明:在围压加载过程中,渗流流量与渗透压差大致呈线性关系。在渗透压差相同的条件下,围压越小,流量越大;随着围压上升,裂隙渗流流量持续减小;但随着围压的进一步增大,流量的减小幅度有减缓的趋势。在围压相同以及渗透压差相同的条件下,单裂隙花岗岩在卸载条件下的渗流特性与加载条件下相比,其渗流流量明显降低,且卸载过程中渗流流量与渗透压差开始偏离线性关系。

刘才华和陈从新[77]采用侧向应力影响系数,将侧向应力等效为作用于裂隙法向的拉应力,基于岩体裂隙法向闭合变形法则,建立了三轴应力作用下裂隙开度表达式,在此基础上推导了岩石单裂隙渗流与三轴应力耦合模型。采用人工劈裂贯通裂隙进行三轴应力下的渗流实验,研究结果表明:法向应力、侧向应力以及渗透压差对裂隙渗透系数有显著的影响,裂隙渗透系数随法向应力的增加而减小,而随侧向应力或渗透压差的增加而增大,裂隙渗透系数与三轴应力呈指数函数关系。

（2）多孔介质的流固耦合机理

多孔介质的流固耦合理论最早来源于土固结理论的需要,1925 年,太沙基（Terzaghi）[78]提出了饱和土的一维固结理论,他以流体的流动和多孔介质的变形为对象展开了研究,提出了有效应力的概念,并建立了一维固结模型,后来又将一维固结理论推广到三维。毕渥（Biot）在 1941 年研究了三向变形材料与孔隙压力的相互作用,并在一些假设如材料为各向同性、线弹性小变形、孔隙流体是不可压缩且充满固体骨架的孔隙空间、流体通过孔隙骨架的流动满足达西（Darcy）定律的基础上,以饱和土体的总应力和孔隙流体压力为状态变量,建立了比较完善的三维固结理论,奠定了流固耦合理论研究的基础,并在 1955 年将其理论推广到各向异性孔隙固体的弹性固结理论[79]。

奥达（Oda）等基于 Biot 理论,导出了三维单相流体渗流和用位移表示的岩石运动的控制方程,应用各种压缩系数和有效应力将一般渗流方程扩展为包含应力-应变的耦合方程,可以近似地处理存在天然裂缝等复杂情况的油藏[80]。鲁宾斯基（Lubinski）和吉尔茨马（Geertsma）在关于多孔介质的弹性理论中都曾讨论过 Biot 方程[81-82]。萨维奇（Savage）和布拉多克（Braddock）将 Biot 的三维固结理论应用到宏观各向同性的孔隙弹性介质中[83]。辛克维奇（Zienkiewicz）和四男美（Shiomi）考虑了几何非线性和材料非线性,在 Biot 的三维固结理论基础上提出了广义 Biot 公式[84]。

刘乐乐等[85]提出了考虑传热、水合物分解相变、多相渗流和地层变形 4 个物理效应的一维多孔介质中水合物降压分解数学模型,在验证该模型适用性之后进行了粉细砂多孔介质变形敏感性分析。基于基本假设可以得到以下结论:出口压强是影响多孔介质变形的主要因素,出口压强越小,多孔介质最终变形越大,且完成变形所需时间越长。环境温度和多孔介质绝对渗透率对多孔介质最终变形没有影响,但会改变多孔介质完成变形所需的时间。

钟轶峰等[86]为准确预测岩土类材料的有效弹性性能和细观应力-应变场,基于 Biot 多孔弹性介质理论,通过解决近似泛函的最小化问题得到波动函数的解析解,从而建立逼近物理和工程真实性的细观力学模型,并通过有限元技术得以数值实现。多孔介质材料细观力学特性算例表明:与经典均匀化理论（将液体类比为具有较高泊松比的固体材料)相比,基于变分渐近均匀化细观模型预测的多孔介质材料细观力学特性更精确,尤其是能准确重构多孔微结构内局部应力-应变场分布,为损伤破坏、局部断裂分析奠定了坚实基础。

(3)裂隙岩体的渗流研究

早在 19 世纪中叶人们就开始研究地下水在孔隙介质(均质土体)中的渗透规律,1856 年法国水力学者达西通过砂柱中水的渗透实验总结出著名的达西定律。该定律与随后另一位法国水力学者裘布依提出的裘布依微分方程和 1904 年布西涅斯克提出的非稳定微分方程,成为地下水动力学的理论基础。到 20 世纪初,法国、德国等学者对地下水动力学开展了进一步研究,得出了许多具体的计算公式[87]。虽然近百年来地下水动力学得到了迅速发展并取得了丰富的成果,但其应用范围有限,这段时间的地下水理论多用于地下取水,而在分析地下工程上覆岩层的稳定性方面应用甚少。直到 20 世纪 70 年代还一直沿用土壤渗流力学来解决岩体渗流问题。

(4)流固耦合数学模型的研究

李培超等[88]将基于多孔介质的有效应力原理引入流固耦合渗流中,并根据平衡条件得出了应力场方程;充分分析了流固耦合渗流的物理特性,建立起孔隙率和渗透率动态模型;依据流体力学连续性方程,考虑流固耦合情形下多孔介质骨架变形特性和流体的可压缩性,得到了孔隙流体的连续性方程,即渗流场方程。在以上诸方程的基础上辅助以定解条件,建立起了完备的饱和多孔介质流固耦合渗流的数学模型。

刘晓丽等[89]将工程地质体简化为孔隙-裂隙双重介质,建立了水气二相渗流与双重介质变形的流固耦合数学模型,采用伽辽金(Galerkin)有限元方法推导了相应的有限元方程,编制出三维有限元计算程序。

仵彦卿和柴军瑞对国内外裂隙岩体渗流数学模型进行了系统的总结、归纳,将岩体渗流场与应力场耦合分析数学模型的建模方法分为机理分析法、混合分析法和系统辨识法,并分别形成岩体渗流场与应力场耦合分析的理论模型、经验-理论模型和集中参数模型这三种主要模型。由于对岩体介质的处理方法不同,每种模型又可分为连续介质模型和非连续介质模型两种。以机理分析法建立起来的岩体渗流场与应力场耦合分析的理论模型就包括连续介质模型、裂隙网络模型和双重介质模型[90-93]。与此同时,基于上述各种模型的数值模拟和工程应用也取得了一定发展[94-101]。

综上所述,国内外对渗流与岩体应力耦合作用的研究主要是针对耦合作用机理的研究,通过分析渗透系数与应力应变之间关系建立相应的数学模型,并以连续介质概念为基础的一些理论方法或者数值模拟方法。而在实验方面,对两相模拟进行了简化,也不是真正的流固耦合相似模拟。这些模拟结果往往不能很好反映岩体在工程状态下的实际情况。松散层富水下采煤属于固液耦合理论研究的范围,需要借助流固耦合理论对实际工程做相似材料模型模拟,更好地通过实验再现地质原型,研究岩体破裂过程中渗透性的演化过程以及相互影响作用。

1.4　研究内容与方法

为了对主关键层或组合关键层的运动和破坏有所控制,正确地分析中小型煤矿保水采煤的方法和参数,本书主要开展了以下研究工作。

（1）以榆神府煤田地质资料为基础,结合现场调研分析矿区工程地质条件,重点分析与顶板稳定性有密切关系的富含水厚松散层与覆岩的空间组合结构特征,针对其不同的空间组合形态进行保水开采区域分类。

（2）根据连续介质的流固耦合数学模型推导流固耦合相似材料模拟的相似准则,研制一种非亲水性流固耦合相似模拟实验材料,完善流固耦合相似材料模拟实验平台,制作相似模拟模型,模拟在煤炭开采过程中岩层在流固耦合作用下的破坏规律,从而取得长壁间隔式推进保水工作面的合理参数。

（3）以质量守恒定律、达西定律、弹性力学及岩体水力学为基础,分析渗流场对应力场的影响,以及应力场对渗流场的影响,进一步建立渗流场和应力场耦合的数学模型。通过岩石试样和开采过程覆岩破坏规律的数值模拟,分析流固耦合作用的影响。

（4）以关键层理论为基础,探讨在厚松散层浅埋煤层中组合关键层的形成机理及控制依据,引入流固耦合损伤因子,分析耦合损伤对组合关键层破坏的影响,确定多个影响因素下组合关键层初次破断距的计算公式。

（5）通过实验分析,计算在合理工作面推进距离条件下煤柱中的应力分布,进一步判断煤柱的稳定性,验证实验和理论所取得的保水参数。

2 榆神府矿区保水开采地质条件分析

　　榆神府矿区处于内陆干旱地区,缺水少雨,水资源贫乏。而该地区地下丰富的潜水资源都覆盖在煤层顶板基岩上,随着煤炭资源的开采,水资源及生态环境遭受了严重的破坏,这对该地区本来十分脆弱的生态环境无疑是雪上加霜。针对以上情况,为了使人们能够一目了然地了解到整个陕北矿区的水文、工程、环境地质等问题,能使浅埋煤层的开采技术趋于更加合理,本章主要对榆神府矿区浅埋煤层的水文、地质等问题进行研究及归类。

2.1 矿区地质概况及煤层赋存特征

2.1.1 矿区地质概况

　　榆神府矿区由榆神与神府两个矿区构成,其中榆神矿区包括榆阳区、大保当区和孟家湾区;神府矿区包括神北区和新民区。整个矿区东西宽约 84 km,南北长约 85 km,面积约 7 139.7 km²。矿区地处陕北黄土高原与毛乌素沙漠南缘地区西部及中部,东部为黄土丘陵。气候属于中温带半干旱大陆性季风气候,年平均降雨量仅为 400 mm 左右,年平均蒸发量在 1 900 mm 以上。流经该矿区的河流多属黄河流域的外流河,黄河一级支流窟野河、秃尾河,二级支流榆溪河,内陆河分布在大保当、尔林兔、孟家湾、小壕兔等地,以红碱淖流域面积最大。

　　矿区植被主要以草本植物为主,有部分木本植物和少量灌木。风沙滩地区主要是指长城沿线的风沙草原地带以及以生长沙生草为主的地区,该地区主要是固定、半固定和流动的沙丘、沙地,沙丘间分布着大小不等的低湿滩地。沙地主要有沙生植被,沙丘间低湿滩地有草甸、沼泽草甸等植被。

2.1.2 煤层赋存特征

　　矿区构造简单,断层稀少,地层近似水平,为向西倾斜、倾角 1°～3°的单斜构造。地层从老到新基本为三叠纪、侏罗纪、白垩纪、古近纪、新近纪、第四纪地层,地表广泛覆盖着第四纪黄土和风积沙,中生代地层在各大河谷中出露。侏罗系中统延安组为本矿区的含煤地层,总厚度 250～310 m,含煤层数多达 18 层,一一般 5～10 层,可采煤层 13 层,一般 3～6 层,煤层可采厚度总计 27 m,最大单层厚度 12.8 m,煤系地层在神府矿区出露较多,并且埋藏较浅。榆神矿区随着地层总体西倾,埋深也逐渐增大,主采煤层 2^{-2} 煤的覆岩厚度在 100～400 m。而神府矿区大部分,榆神矿区东部首采煤层 2^{-2} 煤的覆岩厚度都小于 100 m。

2.2 矿区地质特征分类

2.2.1 地质特征分类方法

地质特征分类经常使用的方法有 3 种,第一种是按照岩层的组成成分来划分,第二种是按煤层的上覆岩层分布空间及其组合形态来划分,第三种是按水环境与上覆岩层厚度及土层厚度进行划分。榆神府矿区的地形地貌复杂,工程地质也相当复杂,因而其分类将分别按这 3 种方法的一种或两种组合来划分。

首先按覆岩的组成成分即按主采煤层(2^{-2} 或 1^{-2} 煤)上覆岩层的组成成分来划分,榆神府矿区大致被划分为二大类六大岩层组,分别属于 6 个岩体结构类型,如表 2-1 所列。松散岩层组在矿区分布广泛,厚度一般约为 100 m,岩性为松散砂、黄土及红土,上部砂层是矿区的主要含水层。风化岩层组就是基岩顶部的风化岩,一般厚度为 20 m 左右,岩性为砂岩及泥岩,岩体破碎,含水性强。煤岩层组主要指的是 2^{-2} 煤层煤岩层组。泥岩、粉砂岩及其互层岩组是矿区煤系的最重要组成部分,构成了煤层的直接顶、底板,水稳定性较差,岩石质量中等,岩体中等完整。砂岩岩层组的岩性是以中粒砂岩、细粒砂岩和厚层粉砂岩为主,局部为粗砂岩,组合形成了煤层基本顶,岩体中等完整,是矿区内稳定性较好的岩组。直罗组砂岩层组在矿区分布很广,一般厚度约为 80 m,以中粗粒砂岩为主,夹粉细砂岩薄层,块状结构,岩体较完整。

表 2-1 岩石工程地质分类表

工程地质	岩层组	分布	岩体结构
土质岩类	松散岩层组	全区分布	散体结构
	风化岩层组	基岩顶部	碎裂结构
软弱岩类	煤岩层组	全区分布	状结构
	泥岩、粉砂岩	煤直接顶、底板	
较软弱岩类	砂岩岩层组	煤层基本顶上	状结构
	直罗组砂岩层组	全区分布	

其次是按主采煤层的上覆岩层分布空间及其组合形态特征来进行分类,据

此榆神府矿区地质特征被划分成五大类:砂土基型、砂基型、土基型、基岩型、烧变岩型。组成以上五类上覆岩层的覆岩主要是:砂——砂层(包括风积沙及萨拉乌苏组);土——黏土隔水层(离石组黄土及三趾马组红土);基——主采煤层上覆基岩。煤层覆岩结构分区如图 2-1 所示。从图中可以了解到矿区从南向北、从西向东依次分布着砂土基型、土基型、砂基型及少量的基岩型上覆岩层类型井田。烧变岩主要集中在乌兰木伦河、秃尾河、窟野河及其支沟呈条带状分布,其裂隙潜水一般分布于 2^{-2}、3^{-1} 煤层自燃区,烧变岩含水层主要受第四系萨拉乌苏组含水层的影响,由第四系萨拉乌苏组含水层的潜水补给,其次是靠河流的水侧向补给。因此在此不再列举烧变岩类型的地质工程情况。

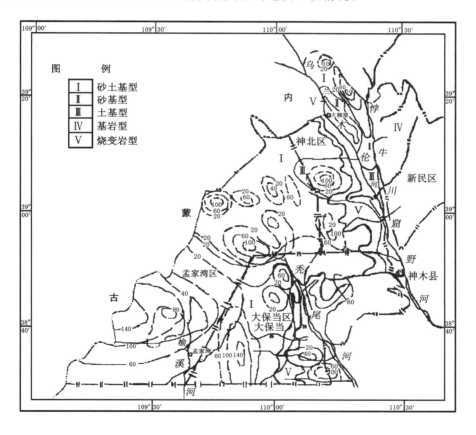

图 2-1　煤层覆岩结构类型分区图[4]

最后的方法就是按水环境、上覆岩层厚度及砂土层厚度的分类法再结合上覆岩层空间分布及其组合形态特征对该矿区地质特征进行分类。榆神府矿区被分成砂土基型潜水采煤区、砂基型潜水采煤区以及土基型与基岩型无水采煤区。这里特别要说明的是,所谓的潜水采煤区和无水采煤区是以松散砂层下有无潜水即萨拉乌苏组是否含水来判定的。而潜水采煤区是本书研究的重点内容,本书采用最后一种分类方法,这是因为该区的降雨量极少,维持该区生态系统的主要是地下水,特别是潜水(松散砂层水,即萨拉乌苏组含水层水),它是影响榆神府矿区环境的关键因素。工程地质特征分类如表 2-2 所列。

表 2-2　矿区典型矿的地质特征分类表

水环境	覆岩类型	典型矿井	基岩厚/m	土层厚/m	砂层厚/m	可采煤层
潜水采煤区	砂土基型	永乐煤矿	57～85	45～84	0～8	2^{-2}
		十八墩矿	52～101	26～75	0～15	2
		金鸡滩矿	53～80	15～76	—	3
		三一矿	20～40	60 左右	0～5	3^{-1}
		讨老乌素矿	3～20	5～40	10 左右	3^{-1}
		大保当矿	0～111.72	一般 30	一般 20	2^{-2}
	砂基型	大柳塔矿	12～120	—	32	1^{-1}
		大渠一矿	10～38	—	10	2^{-2}
		郭家梁矿	10～60	—	10	3^{-1}
无水采煤区	土基型	赵家梁矿	35	0～20	—	3^{-1}
		朱概塔矿	0～45	48 以上	—	1^{-2}
	基岩型	石窑店矿	62	—	0～5	2^{-2}

2.2.2　潜水采煤区地质特征分类

（1）砂基型潜水采煤区地质特征分类

砂基型潜水采煤区小部分分布在乌兰木伦河以东小面积区域,而大部分主要集中在大柳塔矿、石圪台矿、活鸡兔矿、石圪台大渠一矿、郭家梁矿等井田。按水环境进行分类,该地层被划分为失水采煤区。矿区煤层上覆基岩抗压强度26～38 MPa,属中硬岩层,按照《建筑物、水体、铁路及主要井巷煤柱留设与压煤开采规范》(以下简称《规范》),计算采高 4 m 的导水裂隙带高度为 34.0～45.0 m,防水安全岩柱保护层厚度为 5～30 m,因此可知最安全的上覆基岩厚度在 75 m 以上才不会发生突水。计算导水裂隙带高度的公式为:

$$H = \frac{100 \sum M}{1.6 \sum M + 3.6} \pm 5.6 \qquad (2-1)$$

式中　M——煤层采高,m。

西安科技大学矿山压力研究所承担的关于神府矿区开发的国家和省部级等项目研究成果表明:神府矿区煤层埋深浅、顶板基岩薄、松散覆盖层厚,属于典型的浅埋煤层。当上覆基岩厚度小于 20 m 时,仅有垮落带;当上覆基岩厚度大于 20 m 时,出现垮落带和错动带"二带"。只有当上覆基岩厚度大于 15 倍采高时,上覆岩层破断规律才不再是全厚度切落。以采高 4 m 计算,覆岩不出现全厚度切落的最小厚度为 60 m,加上 15 m 防水安全岩柱保护层厚度,则上覆基岩厚度在 75 m 以上才不会发生突水。

《规范》计算导水裂隙带高度公式是经验公式,是根据大量的工程实践总结出来的,因而具有重要的指导意义;对于浅埋煤层,由采高 4 m 模拟实验所得出并被几个工作面开采所证实,只有上覆基岩厚度大于 15 倍采高时才不发生全厚度切落,这一结论同样具有重要的参考价值。综合两个结果,通过数理分析,可得出浅埋煤层中硬岩层导水裂隙带高度公式(2-2)。在多数情况下的计算值比模拟实验值大,主要是为了使开采和保水更加安全。

$$H = \frac{100\sum M}{1.3\sum M + 2.2} \pm 5.6 \qquad (2\text{-}2)$$

根据以上研究把砂基型潜水采煤区分为 3 类:基岩厚度 20 m 以下、砂层厚度 20 m 以下;基岩厚度 20~75 m,砂层厚度 20 m 以上;基岩厚度 75 m 以上。本书主要研究前两类条件下开采方式。

(2) 砂土基型潜水采煤区地质特征分类

从图 2-1 可以看出,砂土基型潜水采煤区主要分布在榆神矿区,小面积分布在神北矿区。同时,砂土基型潜水采煤区大部分集中在大保当区、榆阳区及神北的小部分地区。根据《规范》,防水岩柱厚度为裂隙带高度与防水安全岩柱保护层厚度之和,而防水安全岩柱保护层厚度一般为 5~30 m,榆神矿区煤层上覆基岩抗压强度为 43~71 MPa,属坚硬岩层,其导水裂隙带高度计算公式为:

$$H = \frac{100\sum M}{1.2\sum M + 2.0} \pm 8.9 \qquad (2\text{-}3)$$

当采高为 4 m 时,依据《规范》计算公式,其导水裂隙带高度为 50.0~67.7 m,而在正常情况下防水安全岩柱保护层厚度应为 3 倍采高,即 12 m。由此可知,上覆防水岩柱厚度在 80 m 以上就不会发生突水。因此,又可以把砂土基型潜水采煤区分为 3 类:基岩厚度在 30 m 以下、土层厚度 20 m 以下,典型的有三一煤矿、讨老乌素煤矿等;基岩厚度在 30~80 m,土层厚度 20 m 以上,典型的有大保当煤矿、三一煤矿等;基岩厚度在 80 m 以上,典型的有永乐煤矿、十八墩煤矿、金鸡滩煤矿和大保当煤矿等。本书主要研究前两类条件下开采方式。

2.3 潜水采煤区地质特征

2.3.1 砂基型潜水采煤区地质特征

基岩厚 20 m 以下、砂层厚 20 m 以下砂基型潜水采煤区,最典型的矿井有大柳塔矿和石圪台矿的部分开采区以及郭家梁矿、大渠一矿等。基岩厚 20～75 m 及砂层厚 20 m 以上砂基型潜水采煤区,典型矿井有大柳塔矿、上湾矿、补连塔矿、石圪台矿和乌兰木伦矿等。主要分布在乌兰木伦河和悖牛川,以中部的柠条梁为分水岭,区内有较大的支沟,西部有哈拉沟、王渠沟等流入乌兰木伦河,东部有七概沟、朱太沟等流入悖牛川。

(1) 工程地质特征

① 第四系松散层:第四系松散层主要由现代冲积沙层、风积沙层组成,局部区域有下更新统砂砾石层及黏土层。第四系全新统在该区厚度一般为 10 m 左右,其岩性为中砂、细砂和粉砂。第四系中更新统离石组局部分布,其厚度在 20 m 左右,岩性为亚黏土及亚砂土。新近系上新统主要分布于黄土梁峁区,厚度一般在 0～55 m,下部为半固结砂砾石层,厚度为 9.16 m。

② 侏罗系中统延安组为本区的含煤地层:含煤地层自下而上分为五段,第四、五段含煤较少。第三段下部为浅灰色粉砂岩或砂质泥岩,夹薄、中厚层细粒砂岩,中部为灰白色厚层状细、中粒砂岩,上部为粉砂岩及砂质泥岩,夹煤线及泥岩。第四段以中、细粒长石砂岩及岩屑长石砂岩为主。

(2) 水文地质特征

① 第四系松散层潜水和中侏罗系延安组裂隙潜水:这是该区主要含水层,一些矿如石圪台大渠一矿隔水层为三趾马组红土层,而另一些矿如郭家梁矿为第四系中更新统黄土隔水层及其下部的砂层含水层,离石组黄土可分为上下两亚层。上部为亚黏土,富水性及透水性很弱。下部为砂层,局部地段与第四系松散沙层直接接触,中下部为杂灰色含细、粗砂的砾石层,富水性不均。柠条梁两侧新近系地层底部,普遍有一层砂砾层,上部岩性为棕黄、棕红色砂质黏土,是第四系松散层较好的隔水层。

② 第四系全新统孔隙潜水:沿该区的乌兰木伦河、悖牛川呈条带状分布。上更新统萨拉乌苏组孔隙潜水含水层,平均厚度 18.35 m,岩性为中细粒砂、粉砂,间夹粉砂土透镜体,结构疏松,孔隙大,透水性强,易接受降水补给形成孔隙水。

③ 地表水:该区地表水为常年性流动的由北向南沿西部通过的乌兰木伦河水。潜水的补给主要是大气降水,小部分为局部地表水就地补给和灌溉回渗水补给。大气降水的补给条件差,径流条件好。只有少量渗入、补给,部分冲、洪积

层潜水垂直渗入补给下伏基岩裂隙水。另外,该区小范围内还分布着烧变岩,其储水性能差,富水性微弱。

2.3.2　砂土基型潜水采煤区地质特征

基岩厚度 30 m 以下及土层 20 m 以下砂土基型潜水采煤区,主要位于神木市讨老乌素村等附近,分布在秃尾河一带。基岩厚度 30～80 m 及土层厚度 20 m 以上砂土基型潜水采煤区,主要位于榆神矿区中部大保当乡境内,部分属于黑龙沟及清水沟泉域内,仅东部一小部分属彩兔沟流域。

（1）工程地质特征

① 第四系全新统,主要为风积及冲积沙,岩性为浅黄色中砂、细砂及粉砂。风积沙厚度一般在 8～20 m,冲积层主要分布在黑龙沟一带,上更新统萨拉乌苏组主要出露于较低的滩地中,厚度一般为 10 m。

② 第四系中更新统离石组,其岩性为灰黄色、浅肉红色亚黏土、亚砂土,厚度一般在 40 m 以上。

③ 新近系上新统,其岩性为浅棕色、棕红色黏土,含钙质结核,呈层状分布,底部为浅灰色粗砾砂岩,其厚度在 5～30 m。

④ 侏罗系中统直罗组,其厚度一般为 60 m,总体呈现由南向北逐渐增厚的趋势。地层是半干旱条件下的河流系沉积物,位于瑶镇—新街主河道之西南侧。

⑤ 中侏罗统延安组,其岩性以灰白色至浅灰色中细粒长石砂岩、岩屑长石砂岩及钙质砂岩为主,部分为灰色粉砂岩、泥岩及煤层。

（2）水文地质特征

① 第四系上更新统及全新统风积、冲积、湖积层孔隙潜水,以风积沙及湖相堆积为主,汇水面积较大,补给条件好,下伏有隔水的黄土和红土分布,地下水赋存条件较好,是主要间接充水含水层。

② 第四系中更新统离石组黄土及新近系红土隔水层,出露于枣稍沟一带,上部岩性为棕黄色亚砂土,含水微弱,塑性大。下部为砂质泥岩夹数层钙质结核层,结构紧密,隔水性能良好,是区内良好的隔水层。

③ 古近系和新近系砂砾层孔隙潜水在区内呈带状分布,砂砾层直接与第四系松散层接触,通过砂层的渗透补给,局部含水丰富。

④ 中侏罗段直罗组孔隙裂隙承压含水层,该地层上部遭风化,中上部岩性为泥质砂岩、粉砂岩,下部为中细粒巨厚层状长石石英砂岩,为本组主要含水层岩段,富水性极差,具有承压性,含水层厚度 30～50 m。

⑤ 烧变岩裂隙孔洞潜水富水性极强,该含水层出露于彩兔沟。

2.4 矿区岩土层物理力学性质及开采现状

2.4.1 矿区岩层物理力学性质

煤层基本顶的组成成分是砂岩岩组,以中粒砂岩为主,少部分为粗砂岩,泥质胶结为主,钙质为辅,属于坚硬岩石,软化系数为 0.6,水稳定性好。直接顶组成成分是泥岩、粉砂岩及其互层,属于软弱至坚硬岩石,其中泥岩为软弱岩石,软化系数为 0.5,水稳定性差。基岩表面风化岩层组从上而下被划分为强风化岩层带和弱风化岩层带,强风化岩层带厚度一般在 5～8 m,弱风化岩层带厚度一般为 20 m,风化岩层受水、温度、湿度等因素影响,其强度降低很大。

榆神矿区包括榆阳区、大保当区和孟家湾区。根据地质分类,榆神矿区属砂土基型潜水采煤区,对于砂土基等类型岩层已在前文叙述,其中直罗组砂岩层组在矿区分布范围不大,因此这里将主要说明风化岩层组,泥岩、粉砂岩及其互层岩组,砂岩岩组的岩石物理力学性质。具体岩石物理力学性质如表 2-3 所列。

表 2-3 榆神矿区煤层上覆岩层物理力学性质表

岩性	抗压强度 /MPa	抗拉强度 /MPa	内聚力 /MPa	内摩擦角 /(°)	弹性模量 /10⁴ MPa	泊松比
泥岩	43.6	2.9	14.94	35.1	0.748 9	0.18
粉砂岩	71.5	6.36	11.62	34.6	1.509 3	0.15
细砂岩	69.3	5.04	11.27	35.8	1.707 2	0.18
中砂岩	69.5	46.7	7.04	41.1	1.776 9	0.15
长石砂岩	64.1	4.96	41.9	40.8	1.200 0	0.14
中粒长石砂岩	52.2	4.89	6.11	44.0	1.625 7	0.25
煤	22.4	0.72	2.61	42.0	0.219 6	0.27

神府矿区地质特征是地层平缓,煤层埋藏浅,各煤层间距小,煤层上覆基岩较薄,煤层开采将直接影响基岩之上的萨拉乌苏组和烧变岩含水层,萨拉乌苏组不整合于侏罗系之上,岩性为灰黄色、浅灰色粉细砂岩、中砂岩,局部底部含少量细砾岩,夹有较多的粉土及亚黏土,煤层上覆基岩也分为风化岩层、砂岩岩层及泥岩、粉砂岩及其互层岩,岩性分别为粗、细粉砂岩,细、中砂岩,细粉砂岩。其岩石物理力学性质如表 2-4 所列。

表 2-4 神府矿区煤层上覆岩层物理力学性质表

岩性	抗压强度 /MPa	弹性模量 /10⁴ MPa	内聚力 /MPa	内摩擦角 /(°)	泊松比
粗粉砂岩	26.5	0.471	3.1	34	0.19
细粉砂岩	33.9	0.912	8.5	30	0.16
粗粉砂岩	26.5	0.415	3.1	34	0.21
中砂岩	32.4	1.528	5.4	33	0.23
细砂岩	37.9	0.415	8.5	30	0.16
中砂岩	32.4	0.415	5.4	33	0.23
细粉砂岩	37.9	0.415	8.5	38	0.19
1⁻¹煤	33.2	0.223	5.1	33	0.20

2.4.2 矿区黏土层物理力学性质

隔水黏土层是指由离石组黄土和三趾马组红土共同组成的黏土层,位于松散含水砂层底部。在大保当区及沟岔水源地一带连续分布,厚度一般为 20～60 m,在大保当区南部达 100 m 以上;在神北矿区及秃尾河以东地区,有萨拉乌苏组含水层的地方,黏土层缺失或很薄。

隔水黏土层水理性质指标如表 2-5 所列,其物理力学性质指标如表 2-6 所列。由表可以看出,离石组黄土渗透系数为 0.097 6～1.5 m/d,三趾马组红土为 0.005 96～0.6 m/d,其最大值主要集中在土样由弹性进入塑性临界点附近,一旦进入塑性变形段(塑性硬化),渗透系数反而逐渐减小,说明离石组黄土和三趾马组红土在天然条件下是良好的隔水层,而且只要其位于煤层开采上覆岩土层整体移动带内,采后亦可起到良好的隔水作用。

表 2-5 隔水黏土层水理性质指标[2]

岩 性	液限 /%	塑限 /%	塑性 指数	液性 指数	渗透系数 /(m/d)	饱和度 /%	湿陷 系数	自由膨 胀率/%
离石组黄土	25.9～31.8	16.9～18.7	7.9～13.1	<0	0.097 6～1.5	41.1～65.6	0～0.005 5	—
三趾马组红土	33.2～36.2	21.1～26.7	7.7～12.1	0～0.09	0.005 96～0.6	65～70	—	2.65～26.00

表 2-6 隔水黏土层物理力学性质指标[2]

岩性	物理性质				力学性质				
	含水量 /%	密度 /(g/cm³)	孔隙比	孔隙率 /%	内聚力 /kPa	内摩擦角 /(°)	压缩系数 /MPa⁻¹	压缩模量/MPa	无侧限抗强度/kPa
离石组黄土	11.9~170	1.60~1.86	0.62~0.88	38~47	38~101	28~34	0.08~0.25	7~22	119~159
三趾马组红土	17.0~18.7	1.80~1.87	0.72	41~42	76~96	28~33	0.06~0.11	15.5~28	182~212

2.4.3 矿区采煤方法现状

榆神府矿区的煤层埋藏浅,近似水平,采高适中,煤质硬,瓦斯含量低,中小型煤矿都采用房柱式、巷柱式甚至硐式等落后的采煤法。这些采煤方法尽管一般不会造成潜水水位下降,但安全性差,采出率很低,煤炭资源浪费极大,巨大的资源浪费影响着矿区的可持续发展。而大型煤矿都采用长壁垮落法开采,这种粗放式的开采方法,对生态环境本来就脆弱的陕北矿区不少地区是不适宜的,因为会造成潜水水位下降,进一步恶化生态环境。目前,矿区的主要采煤方法有:

(1) 乡镇煤矿的采煤方法

榆神府矿区现有近 400 对中小型矿井,大部分煤矿设计采用长壁采煤方法,但实际生产时都用不同参数的简易房柱式采煤法,主要有以下几种。

① 常规房柱式采煤法:例如,处于砂土基型潜水采煤区的榆阳矿区永乐煤矿采用房柱式采煤方法。在大巷一侧掘两个长为 150 m 的平巷,平巷宽 4.0~4.5 m,工作面长度为 30 m,在中间留一条宽 6 m 的煤柱,每隔 6~8 m 掘一条联络巷道,间隔 10 m 布置下一个工作面,采用后退式开采。

② 条带房柱式采煤法:处于砂基型潜水采煤区的大渠一矿采用了条带房柱式采煤法,沿大巷两侧布置条带工作面,采用"采 5 m 留 5 m"房柱式采煤法,沿平巷间隔 5 m 掘一个联络巷,工作面长度为 60 m,走向长为 100 m。

③ 对拉工作面房柱式采煤法:处于土基型无水采煤区的赵家梁矿采用了对拉工作面房柱式开采工艺,上、下运输平巷进风,中间平巷回风,回风平巷与上运输平巷间距 60 m,与下运输平巷间距 70 m,下一个对拉工作面与下运输平巷间留 10 m 煤柱。

④ 采空区留煤柱小区域隔离采煤法:如郭家湾煤矿在长壁工作面布置和推采中在采空区留 5 m×5 m 方形煤柱,用煤柱来"充填"采空区以控制顶板下沉,并且每推进 100 m,留一宽 10 m 的隔离煤柱,工作面搬家重掘开切眼进行推采。

(2) 国有大型煤矿的采煤方法

国有大型煤矿和中外合资煤矿都采用长壁采煤法,其优点是:技术先进,工作面长度大,采高大,单产高。缺点是:长壁开采工作面台阶下沉产生裂隙会直通地表,导致风积沙下的潜水沿贯通裂隙直泻工作面,这不仅给工作面造成水患、影响生产,而且使地表水位下降,区域性生态遭到破坏。例如,大柳塔煤矿 1203 长壁工作面,为了减小涌水威胁,在采前进行了疏水工作,在进行矿压观测期间,还继续打疏水孔,边采边疏,其疏水量约为 75 m³/h。工作面初次来压时,工作面中部 90 m 长的顶板沿煤壁发生切落,随之上部潜水沿煤帮贯通裂隙直泻而下,涌水量达 408 m³/h,工作面采煤机、运输机等设备被淹没,轨道巷机尾处水深达 1.0 m。工作面周期来压时,涌水量仍很大,达到 123 m³/h。

2.5   小   结

(1) 研究了地质工程的 3 种分类方法,按照水环境、上覆岩层厚度及土层厚度的分类法,再结合上覆岩层空间分布及其组合形态特征,把榆神府矿区分成砂土基型潜水采煤区、砂基型潜水采煤区以及土基型与基岩型无水采煤区 4 大类。

(2) 进一步对砂基型失水采煤区和砂土基型失水采煤区进行了分类,把砂基型失水采煤区分为基岩厚度 20 m 以下、砂层厚度 20 m 以下;基岩厚度 20～75 m,砂层厚度 20 m 以上;基岩厚度 75 m 以上 3 类。把砂土基型失水采煤区分为基岩厚度在 30 m 以下、土层厚度 20 m 以下;基岩厚度 30～80 m,土层厚度 20 m 以上;基岩厚度 80 m 以上 3 类。

(3) 乡镇煤矿采用房柱式开采,采出率仅为 20%～40%,造成了煤炭资源的巨大浪费。国有大型煤矿采前都进行了长时间的疏水工作,导致的结果短期是开采区周围人畜无水可饮、农作物旱死,长期则是矿区荒漠化恶性发展,区域性生态遭到破坏。

3 流固耦合相似模拟准则与实验技术

相似模拟实验研究是矿业界一种重要的研究手段,它是 20 世纪 30 年代由苏联库兹涅佐夫提出的,以相似理论、因次分析作为依据的实验研究方法。已往的相似模拟实验多为单一的固相,本章在一般相似理论、实验材料及设备的基础上开展了流固耦合相似模拟的理论、材料、设备及测试技术研究,并通过流固耦合相似材料模拟实验对研制的实验材料进行了验证。

3.1 相似模拟实验的发展及流固耦合相似准则

3.1.1 相似模拟实验的发展

继国外出现相似材料模拟实验研究这一方法后,我国在煤炭、冶金、建筑、水利、工程地质等部门的研究院校也先后建立了相似模拟实验台。20 世纪 60 年代相似材料模拟技术在国内主要以平面应力相似模拟实验为主,进入 80 年代以后,又出现了平面应变相似模拟实验台,如国内的中国矿业大学、太原理工大学、西安科技大学等单位也都建有平面应变模拟及简易的立体模拟实验装置。李鸿昌教授的《矿山压力的相似模拟试验》以及林韵梅教授的《实验岩石力学:模拟研究》等也为相似模拟奠定了理论基础。

研究潜水下煤炭开采需要确定多因素的影响,需要进行流固耦合相似模拟实验研究。但已往的相似模拟多为单一的固体介质模拟,对流固耦合的相似理论、模拟材料、实验设备、实验密封以及测试手段研究不多。在采矿工程的模拟实验中,一般采用柔性加载模拟水压力的外力等效性,对多相的耦合作用做了很大的简化,模拟结果往往与实际情况存在着较大差异。因此,采用流固耦合相似模拟,深入研究渗流场与应力场的演变变化规律和岩层活动规律,具有重要的理论和工程实践意义。

3.1.2 流固耦合相似准则

流固耦合相似准则的确定主要是确定固体和流体在同一系统下的相似性,根据连续介质的流固耦合数学模型[式(3-1)]分别确定其弹性力学和流体力学的相似条件。在确定其相似条件时,因为研究对象是同一系统,所以流体力学中的相似常数根据相应的弹性力学中的相似常数进行代换,从而达到其流固耦合相似的目的。

$$
\begin{cases}
[T]\{H\} + [S]\left\{\dfrac{\partial H}{\partial t}\right\} + \{I\} = 0 \\[2mm]
\{R\}[B]\{\Delta\delta\}_e = \dfrac{n\gamma}{E_w}\Delta H \\[2mm]
\{F_w\} + \{\Delta F_w\} = [K] \cdot [\{\delta\} + \{\Delta\delta\}_e]
\end{cases}
\tag{3-1}
$$

式中　$[T]$——传导矩阵;

$\quad\quad$ $[H]$——水头矢量;

$\quad\quad$ $[S]$——贮量矩阵;

$\quad\quad$ $[I]$——列矢量;

$\quad\quad$ $[R]$——一向量;

$\quad\quad$ $[B]$——单元应变矩阵;

$\quad\quad$ $\{\Delta\delta\}_e$——单元位移增量向量;

$\quad\quad$ $[E_w]$——弹性模量;

$\quad\quad$ $\{F_w\}$——等效节点应力;

$\quad\quad$ $\{\Delta F_w\}$——等效节点应力增量;

$\quad\quad$ $[K]$——刚度矩阵。

(1) 弹性力学相似[102]

公式(3-1)中第三个方程为岩体的弹性力学方程,由平衡方程、几何方程、物理方程三个方面 15 个基本方程中消去应力应变分量得到只包含位移分量的方程,即:

$$
\begin{rcases}
G\nabla^2 u + (\lambda + G)\dfrac{\partial e}{\partial x} + X = \rho\dfrac{\partial^2 u}{\partial t^2} \\[2mm]
G\nabla^2 v + (\lambda + G)\dfrac{\partial e}{\partial y} + Y = \rho\dfrac{\partial^2 v}{\partial t^2} \\[2mm]
G\nabla^2 w + (\lambda + G)\dfrac{\partial e}{\partial z} + Z = \rho\dfrac{\partial^2 w}{\partial t^2}
\end{rcases}
\tag{3-2}
$$

其中,$\nabla^2 = \dfrac{\partial^2}{\partial x^2} + \dfrac{\partial^2}{\partial y^2} + \dfrac{\partial^2}{\partial z^2}$,为拉普拉斯算子符号;$G = \dfrac{E}{2(1+u)}$,为剪切弹性模量;$\lambda = \dfrac{uE}{(1+u)(1-2u)}$,为拉梅常数;$e = \dfrac{\partial u}{\partial x} + \dfrac{\partial v}{\partial y} + \dfrac{\partial w}{\partial z}$,为体积应变;$X$、$Y$、$Z$ 为体积力;ρ 为密度。

上述方程对原型(′)及模型(″)均适用。设 $G' = C_G G''$;$E' = C_e E''$;$x' = C_l x''$;$\lambda' = C_\lambda \lambda''$;$e' = C_e e''$;$u' = C_u u''$;$X' = C_\gamma X''$;$\rho' = C_\rho \rho''$;$t' = C_t t''$;$\dfrac{\partial e'}{\partial x'} =$

$$\frac{1}{C_l} \frac{\partial e'}{\partial x'}; \nabla^2 u' = \frac{C_u}{C_l^2} \nabla^2 u''; \frac{\partial^2 u'}{\partial t'^2} = \frac{C_u}{C_t^2} \frac{\partial^2 u''}{\partial t''^2}。$$

将假设关系代入原方程(3-2)中的第一方程,得:

$$C_G G'' \frac{C_u}{C_l^2} \nabla^2 u'' + C_\lambda \lambda'' \frac{C_e}{C_l} \frac{\partial e''}{\partial x''} + C_G G'' \frac{C_e}{C_l^2} \frac{\partial e''}{\partial x''} + C_\gamma X'' = C_\rho \rho'' \frac{C_u}{C_t^2} \frac{\partial^2 u''}{\partial t''^2} \quad (3-3)$$

因原型与模型均应符合公式(3-2),所以有:

$$\underset{\psi_1}{C_G \frac{C_u}{C_l^2}} = \underset{\psi_2}{C_\lambda \frac{C_e}{C_l}} = \underset{\psi_3}{C_G \frac{C_e}{C_l}} = \underset{\psi_4}{C_\gamma} = \underset{\psi_5}{C_\rho \frac{C_u}{C_t^2}} \quad (3-4)$$

根据公式(3-4)可推导出各相似常数之间的关系如下:

① 由 $\psi_2 = \psi_3$,并将 G、λ 用 E、μ 表示(由于弹性内力相似 $C_\mu = 1$),可以推出 $C_G = C_e = C_\lambda$(物理相似);

② 由 $\psi_1 = \psi_3$,即 $C_u = C_e C_l$,又 $C_e = 1$ 可得 $C_u = C_l$(几何变形相似);

③ 由 $\psi_3 = \psi_4$,即 $C_G C_e = C_\gamma C_l$,$C_e = 1$,则 $C_G = C_\gamma C_l$(应力相似);

④ 由 $\psi_4 = \psi_5$,即 $C_\gamma = C_\rho \frac{C_u}{C_t^2}$,又因 $C_\gamma = C_\rho C_g$,重力场内 $C_g = 1$,且 $C_u = C_l$,可得 $C_t = \sqrt{C_l}$(惯性力相似)。

(2) 流体力学相似

对于公式(3-1)中第一个方程,其流体中任何点的连续性方程可表示为:

$$\frac{\partial}{\partial x}(k_x \frac{\partial H}{\partial x}) + \frac{\partial}{\partial y}(k_y \frac{\partial H}{\partial y}) + \frac{\partial}{\partial z}(k_z \frac{\partial H}{\partial z}) + I = S \frac{\partial H}{\partial T} = \frac{\partial n}{\partial t} \quad (3-5)$$

上述方程对原型(')及模型(")均适用,设 $K'_x = C_{KX} K''_x$;$K'_y = C_{KY} K''_y$;$K'_z = C_{KZ} K''_z$;$H' = C_H H''$;$x' = C_l x''$;$y' = C_l y''$;$z' = C_l z''$;$S' = C_s S''$;$I' = C_I I''$;$T' = C_t T''$;$n' = C_n n''$;$t = C_t t''$。

将以上假设关系代入方程(3-5)得:

$$\frac{C_{KX} C_H}{C_l^2} K'' \frac{\partial^2 H''}{\partial x''^2} + \frac{C_{KY} C_H}{C_l^2} K'' \frac{\partial^2 H''}{\partial y''^2} + \frac{C_{KZ} C_H}{C_l^2} K'' \frac{\partial^2 H''}{\partial z''^2} + C_I I'' = C_s S'' \frac{C_H \partial H''}{C_t \partial T''} = \frac{C_n}{C_t} \frac{\partial n''}{\partial t''}$$

$$(3-6)$$

因原型与模型均应符合公式(3-5),所以有:

$$\underset{\psi_1}{C_{KX} \frac{C_H}{C_l^2}} = \underset{\psi_2}{C_{KY} \frac{C_H}{C_l^2}} = \underset{\psi_3}{C_{KZ} \frac{C_H}{C_l^2}} = \underset{\psi_4}{C_I} = \underset{\psi_5}{C_s \frac{C_H}{C_t}} = \underset{\psi_6}{\frac{C_n}{C_t}} \quad (3-7)$$

根据公式(3-6)可推导出各相似常数之间的关系如下:

① 由 $\psi_4 = \psi_6$,即 $C_I = \frac{C_n}{C_t}$,由于 $n = \frac{V - V_c}{V}$,根据弹性力学相似(几何相似)可得 $C_n = C_e = 1$,$C_I = \frac{1}{C_t} = \frac{1}{\sqrt{C_l}}$(源汇项相似);

② 由 $\psi_3 = \psi_4$，即 $C_{KZ} \dfrac{C_H}{C_l^2} = \dfrac{1}{\sqrt{C_l}}$，由于水头压力相似（应力相似），所以有

$C_H = C_\gamma C_l$，又 $\psi_1 = \psi_2 = \psi_3$，可得 $C_{KX} = C_{KY} = C_{KZ} = \dfrac{\sqrt{C_l}}{C_\gamma}$（渗透系数相似）；

③ 由 $\psi_4 = \psi_5$，即 $C_I = C_s \dfrac{C_H}{C_t}$，可得 $C_s = \dfrac{C_t C_l}{C_H} = \dfrac{1}{C_\gamma C_l}$（贮水率相似）。

3.2　流固耦合相似模拟实验材料的研制

3.2.1　流固耦合相似模拟实验材料研究现状

对于与水有关的如水体下煤炭开采等研究课题应该进行流固两相相似模拟实验研究，国内外不少研究单位曾试图采用流固两相模拟实验进行相关课题研究。雅各比（Jacoby）等采用甘油、熔融石蜡等模拟地幔对流和板块的驱动作用[103]。威恩思（Wiens）、金凯德（Kincaid）与奥尔森（Olson）分别用熔融的石蜡、糖浆等作为岩石圈，模拟板块碰撞过程中通过重力作用使板块俯冲下插的过程[104-105]。切门达（Shemenda）也采用石蜡、矿物油、石膏等半塑性混合材料和水分别作为岩石圈和软流圈，模拟板块俯冲碰撞这一动力学过程[106]。国内如长江水利水电科学研究院也以石蜡油作为胶凝剂，模拟强度较低、变形较大的塑性破坏型岩体和泥化夹层[107]。煤炭科学研究总院西安分院也以流固两相相似模拟研究奥灰承压水开采。西安矿业学院（现西安科技大学）在 20 世纪 90 年代初以流固相似模拟实验研究水下开采。但以往两相相似模拟实验均因没掌握实验的关键技术和合理的相似模拟材料，实验效果均不理想。因为流固耦合相似模拟实验材料必须具备以下几个特点：

① 流固两相模拟实验首先要研制非亲水的相似模拟材料，而且这些非亲水性相似模拟材料容易实现模型与原型力学性质相似。

② 模型应具有封闭性，在采动过程中要能模拟岩层破坏形成的而不是人为的水渗流通道，这需要寻找一种不影响模拟岩层运动的密封材料。

③ 要考虑不同介质材料相似比的耦合及水渗流的可视性问题，以便在实验过程中能观察到水沿采动裂隙渗流的规律。

3.2.2　实验材料选取及试件制作

（1）材料选取

根据相似准则及流固两相实验的特殊要求，地下工程流固耦合模型相似材料除必须具有容重大、强度低、性能稳定等特点外，还必须同时具备非亲水性，低变形模量等特点，而且为了控制材料的强度和塑性破坏，应采用弱胶结性胶凝剂

并适当增加其脆性。这里的"非亲水性"概念是指材料遇水不会发生崩解,能够保持完好的形状和力学性能。经过 6 个多月反复进行不同材料、不同配比和不同胶凝剂的实验,从多种高分子胶凝剂中筛选了低熔度优质石蜡(42～54 ℃),以此为胶凝剂制作的模型试件具有良好的非亲水性能,并适合作两相模拟模型[100]。石蜡虽然没有固定熔点,但以此为胶凝剂的实验材料在常温下呈固态,且本身性能稳定,而相似模拟实验都是在常温下进行的,满足实验的要求。

（2）试件制作

实验中采用三轴实验双开模具制作圆柱体试件,实验中的胶凝剂和相关材料采用精密仪器物理天平称取,严格按照配比制作模型。石蜡模型的制作需要加热,因此无论是制作试件还是制作模型,实验材料都要保持一定温度,如果温度太高会破坏石蜡的物理性质,甚至使石蜡着火燃烧;温度太低又不能使材料混合充分,因此,在试件制作过程中控制加热的温度在 120 ℃左右。考虑到实验材料加热后具有黏附的特性,为了便于拆模,保证试件的表面质量,选用三轴实验所用的双开模具制作圆柱体试样,其尺寸为 ϕ50 mm×10 mm,其高径比为 2,满足岩石试件压缩实验的要求。双开模具组成部分如图 3-1 所示。等实验材料冷却成型之后再拆模,由于模型材料的强度较小,拆模后对试件进行养护,每组试件制作 3 个,并进行编号收藏以备测试。实验共做了 40 组试件,分别编号为:No. 1、No. 2、No. 3、……实验材料部分试样如图 3-2 所示。对制作好的试件收藏保养并分别进行力学参数测试和渗透性参数测试,通过岩石力学参数和相似材料配比实验的多次逼近,最终确定合理的材料配比。

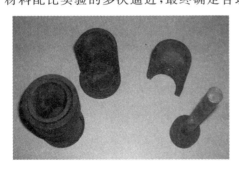

图 3-1　三轴实验双开模具

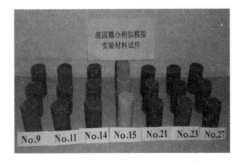

图 3-2　实验材料部分试样

3.2.3　实验材料的力学实验

（1）材料的弹性力学参数测试

对制作的各组试件分别进行浸泡前后的力学实验,主要测试试件的抗压强度、弹性模量以及容重等力学参数。其中 No. 5 组配比的试件浸泡前后的应力-

应变拟合曲线如图 3-3 所示,测试表明,其力学参数浸泡前后基本相同,与实际的岩石基本类似,并具有良好的非亲水性。对不同组试件(也就是不同配比的材料)的力学参数测试进行了整理,其抗压强度随配比变化趋势曲线如图 3-4 所示,从而得到了不同骨料和胶凝剂的物理力学参数随配比不同的变化规律,进一步确定出与榆神府矿区煤层覆岩岩层力学参数相似的模型材料配比。部分实验模型材料的配比试件与对应原型岩石的力学参数对比如表 3-1 所列,实验材料强度测试如图 3-5 所示。

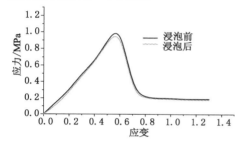

图 3-3　浸泡前后试件应力-应变曲线　　　图 3-4　材料抗压强度与配比关系

表 3-1　模型材料与原型力学参数比较

试件组号	试件单轴抗压强度/MPa	原型岩石岩性	原岩单轴抗压强度/MPa
No.15	0.167	石英砂岩	50
No.19	0.157	泥岩	47
No.20	0.147	粉砂岩	44
No.25	0.133	细砂岩	39
No.27	0.129	中粒砂岩	38
No.35	0.048	风化层	14

由于流体的流动与岩体的变形和破坏产生耦合,考虑岩体破裂后引起渗透性的演变及其力学行为受到的影响,研究了影响两相破坏的主要力学参数 E/λ,E 为弹性模量,λ 为峰值后降模量。潘一山、章梦涛和王来贵等在研究地下硐室岩爆的相似材料时提出:当岩石降模量较大时,岩石峰值后下降曲线较陡,岩石脆性大,也就是 E/λ 的值较小,此时对应的临界软化区深度较小,E/λ 值小于 3 的材料属于脆性破坏材料。而对该实验材料的要求是不因为水的作用而引起材料的软化或塑性变形。其中 5 个模型试件的参数测试结果如表 3-2 所列。

图 3-5　实验材料强度测试

表 3-2　模型试件力学参数

参数	组别					
	No. 1	No. 2	No. 3	No. 4	No. 5	平均
σ_c/MPa	0.156	0.150	0.160	0.155	0.150	0.154
E/MPa	175	149	160	158	163	161
E/λ	2.62	2.91	2.77	2.86	2.73	2.78
γ/(kN/m³)	16.0	15.9	16.2	15.8	16.1	16.0

（2）材料的非亲水性能测试

将制作的试件置于水中浸泡，测试材料的非亲水性，如图 3-6 所示。实验中将制作的模型试件和模型试件压碎的碎块浸泡在水中 48 h，观察表明试件没崩解，取出之后也没发现试件被水浸透，这证明该实验材料具有良好的非亲水性。模型试件的破碎块在水中浸泡 48 h 后仍没崩解，这表明模型材料的确能模拟岩石的力学性质，特别是碎块的形状保持不变，能够实现模拟水沿裂隙渗流时断裂岩块形状保持不变的要求，这对流固两相耦合模拟实验是非常重要的，这也说明了所筛选的相似材料满足两相实验条件。

（3）材料的渗透性能测试

实验主要测试材料的渗透系数，根据达西定律，渗透系数就是在单位水压梯度下，通过垂直于水流方向的单位材料截面积的水流速度。由于相似模拟实验材料的强度相对较小，所以实验中采用导水率仪测试方法进行渗透系数的测试。渗透系数的计算公式如下：

图 3-6　材料非亲水性测试

$$K = \frac{QL}{t_n S(h+L)}$$ (3-8)

式中　K——渗透系数,mm/h;

　　　L——实验材料厚度,mm;

　　　h——水层厚度,mm;

　　　t_n——间隔时间,h。

其中 Q 的计算式如下:

$$Q = \frac{(Q_1 + Q_2 + Q_3 + \cdots + Q_n)}{n}$$ (3-9)

式中　Q——n 次渗出平均水量,mm^3;

　　　$Q_1,Q_2,Q_3,\cdots,Q_n$——每次渗水量,mm^3;

　　　S——环刀横截面积,mm^2。

采用专用环刀取模型材料并完全放入水中浸泡,浸泡 48 h 后将环刀取出,除去盖子后在上面套密封圈,然后将盖子旋紧,防止接口处漏水,如图 3-7 和图 3-8所示。实验时将集水筒下的胶管与水源管相连接,出水管与带有刻度的读数管相连接,待实验持续 1 h 稳定后开始计时,如图 3-9 所示。每隔 1 h 进行读数一次,并记录下渗出的水量 Q_1、Q_2、Q_3、$\cdots$、Q_n。

按照实验材料中胶凝剂比例从大到小,选择测试了 No. 2、No. 3、$\cdots$、No. 35 等组配比材料的渗透系数,测试结果如图 3-10 所示。由测试结果显示,实验材料中胶凝剂比例越小,渗透系数越大,尤其是在试件配比号大于 No. 19 以后,渗透系数的变化率随胶凝剂的减小而增加较快(试件配比编号越大,材料的强度越小),进一步说明了材料越疏松,其渗透性越强。从岩石组成成分和结构来看,岩

图 3-7　用环刀取实验材料

图 3-8　实验材料的密封

图 3-9　材料渗透系数测试

石组成结构越致密,所对应的原型岩石强度越大,岩石本身的渗透性越弱,反之渗透性增大。因此,实验材料渗透性的变化规律与岩石的渗透性变化规律是相

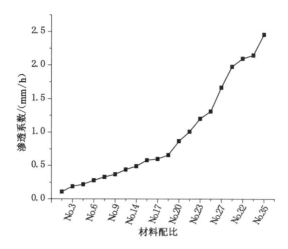

图 3-10　材料渗透性与试件配比关系

似的。部分配比模型材料测试数据如表 3-3 所列。

表 3-3　　模型材料渗透系数　　　　　　单位：mm/h

配比组号		No. 2	No. 5	No. 8	No. 11	No. 17	No. 20	No. 23	No. 27	No. 29	No. 32	No. 35
渗透系数	试件 1	0.10	0.22	0.34	0.42	0.61	0.85	1.21	1.65	2.01	2.09	2.45
	试件 2	0.11	0.21	0.33	0.47	0.61	0.86	1.20	1.69	1.99	2.10	2.48
	试件 3	0.12	0.20	0.35	0.43	0.58	0.89	1.19	1.67	2.00	2.11	2.44
	平均	0.11	0.21	0.34	0.44	0.60	0.87	1.20	1.67	1.98	2.10	2.46

　　根据第 2 章地质条件内容可知，砂岩岩层组的岩性是以中粒砂岩、细粒砂岩和厚层粉砂岩为主，局部为粗砂岩，组合形成煤层基本顶，岩体中等完整，是矿区内稳定性较好的岩组。实测这类岩石的渗透系数一般在 0.10～13.88 mm/h。由前面推导的流固耦合相似准则可计算出实验材料的渗透系数，第 4 章中实验设计几何比例为 1∶100 时，其几何相似常数 $C_l = 100$，实验材料的容重相似常数 $C_\gamma = 1.56$，从而可得渗透系数相似常数 $C_K = 6.4$。

　　因此，实验材料渗透系数应该为 0.028～2.17 mm/h，由表 3-3 可知材料实测的渗透系数值在 0.11～2.46 mm/h，材料的渗透系数略微偏大。这主要是因为岩石的渗透是岩石中有微裂隙孔隙等结构存在，除非软岩以外，一般岩石材料本身的渗透性很差，而实验材料采用环刀取样，除了依据原型制造的一些裂隙外，还有材料与环刀壁间的间歇，从而增大了其渗透性。在模拟实验中采用密封材料封闭后这种误差会大大减小，所以材料的渗透性和岩石是相似的。

3.2.4 不同材料的耦合比

对于原地质条件下不同水位的潜水或河水,按模型与原型容重比例,模型中潜水的模拟材料容重应为 6.25 kN/m³,即使容重最轻的汽油(8 kN/m³)也大于模拟水所需的相似材料的要求。因此,目前尚无法寻找到适合于作为模拟水的液体材料。于是实验设计仍采用一般的水,为了达到相似的目的,把以几何比例计算出来的模型潜水高度减小到相应的高度,用减小水柱高度来补偿潜水模拟材料未考虑容重比例所引起的误差。比如原地质条件下潜水水位为 5～10 m,把以几何比例计算出的模型潜水高度 2.5～5.0 cm 减小到 1.56～3.12 cm,从而达到相似的目的。

3.3 流固耦合相似模拟实验设备及测试技术

3.3.1 流固耦合相似模拟实验台

西安科技大学矿山压力重点实验室开发了"固-液-气"三相耦合相似模拟实验台,实验台的方案设计主要针对固、液、气三相介质的模拟。实验台设计尺寸为 1 800 mm×1 900 mm×200 mm,模型架的两个侧面装有有机玻璃板,可进行表面位移的观测和水位观测,其显著的特点是可以进行流固耦合模拟实验,揭示流固耦合作用下工程岩体变形与渗流规律,实验台设计示意图如图 3-11 所示,对应的实验台如图 3-12 所示。实验台的框架主要由以下几部分组成:

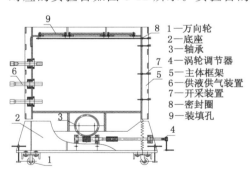

1—万向轮
2—底座
3—轴承
4—涡轮调节器
5—主体框架
6—供液供气装置
7—开采装置
8—密封圈
9—装填孔

图 3-11 实验台设计示意图 　　图 3-12 模拟实验台全景图

① 底座:采用 18 mm 厚钢板制作,在底座上安装轴承一套,调节角度用涡轮组进行调节。底座平整,移动轮在定位后可回缩,框架角度调节涡轮组安装牢固,调节自如,定位稳固。

② 主体框架:采用槽钢制作,主体框架四角方正,两面平整,无变形,所有附

件连接牢固,框架整体气密性良好。框架顶部开有 1 200 mm×120 mm 的装填孔,底部有轴承与底座连接,框架一侧安装 3 个可调节角度的开采组件,另一侧安装含有气管、水管、压力表、阀门等组件。

③ 侧护板:由厚 15 mm 的钢化玻璃板打磨而成,玻璃板和密封垫圈通过螺栓加不锈钢垫板增加气密性,密封性能良好。

实验中的液体及气体的控制系统完全采用自动化控制,以工控机作为控制主机,设计制作人机界面,开发供液和供气控制系统。控制系统中分别设计供水控制信号和供气控制信号,控制 PID 比例调节阀,动态调节水气压力,压力传感器再将反馈信号送回工控机,从而达到精确控制液体和气体压力的目的。控制系统平台和供液系统分别如图 3-13 和图 3-14 所示。

图 3-13　控制系统平台

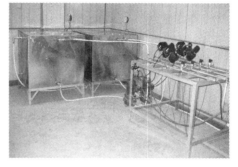

图 3-14　供液系统

3.3.2　应力及位移测试系统

① 应力测试:应力的测试相对简单,在模拟煤层的顶底板中埋设应力传感器,引线通过侧边引出,即可采用应变仪进行测试,在通过开发的数据采集系统采用电脑自动数据采集,并对数据的变化进行适时监测,如图 3-15 至图 3-17 所示。

② 模型内部位移测试:在模型内部布置测点,测点的排数和个数根据实验需要设计,采用在深部一定的位置埋入测点,引出测线,测线采用导管进行保护,测线与外部大量程(50 mm)百分表相接,从而读出深部位移值,如图 3-18 所示。不连续导管的长度为 1 cm,因此导管不会影响岩层的移动和破坏,同时也避免了测线与模型的摩擦,内部位移测试还减小了由于表面位移测试受约束的影响而引起的误差。

③ 地表位移测试:在内部测点的对应地表位置布置模型位移测点,进行同一垂直位置的位移测试对比,分析岩层运动与地表沉陷的关系。

图 3-15　应力测试系统

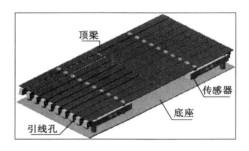

图 3-16　称重传感器布置图

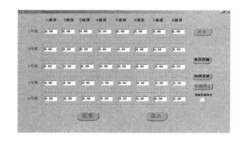

图 3-17　数据采集系统

3.3.3　渗流观测系统

① 潜水水位测试:由于本实验中主要模拟潜水层对开采的影响,因此水位不高,潜水的压力也远远不及承压水那么大,水位控制不能有效通过供液系统来实现,为了使潜水可视,实验中设计了水位观测系统,由潜水水位显示管直接插入含水层进行潜水水位显示,潜水染成红色,开采中能清楚地显示水位的变化,并直接通过测量管内水位的高度来反映含水层水位的变化量。

② 潜水渗流观测:模型架由钢座和密封框两大部分组成,为了清晰地观察

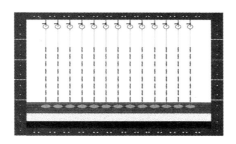

图 3-18 位移测试系统

实验过程中覆岩的破坏情况和潜水沿裂隙的渗流情况,模型前后为有机玻璃板。在钢架和玻璃板的接触面上涂防水胶体,在模型基岩风化层层面和有机玻璃板间用防水胶体封闭密实,这种胶体将水隔离在顶板基岩风化层之上,只有开采裂隙发展到含水层时潜水才能下泻;另一方面,胶体密封又不影响顶板基岩在开采时的移动及破断。

3.4 实验材料可靠性验证

尽管两相模拟实验的材料是从大量实验中筛选出来的,其模拟材料配比也是根据矿区覆岩力学参数通过对制作的试件力学参数测试逐一确定的,两者相似。但考虑到这毕竟是流固两相相似模拟实验,在矿业领域研究中也没有可以借鉴的成果。因此,除了进行常规的力学参数测试以保证模型试件与原型相似外,还需要对其相似性在宏观上进行验证,以确保实验结论的科学性。于是借助原型制作模型进行相似材料的验证实验,通过模拟长壁连续推进工作面矿压显现参数和现场开采实际进行比较,验证两相相似材料的相似性和相似实验的可靠性,验证实验模型如图 3-19 所示。

图 3-19 验证模拟模型

　　模型在距左边界 30 m(原型)处掘开切眼,当工作面推进到 20 m 时,直接顶垮落,如图 3-20 所示。当工作面推进到 30 m 时顶板垮落高度增至 2 m,之后又仅仅推进了 4 m,基本顶初次来压。工作面基本顶初次来压不仅仅是基本顶岩层破断,而是上覆岩层整体全厚度切落。覆岩全厚度切落使裂隙贯通含水层,潜水沿裂隙进入工作面,模拟中可观测到工作面的涌水情况,下泻潜水使裂隙处煤层变湿,在控顶区有机玻璃板上发现水流痕迹,同时工作面采空区出现涌水现象,基岩之上的潜水水位下降。覆岩整体全厚切落和水位下降如图 3-21 所示,最终导致潜水全部渗漏,如图 3-22 所示。图中由于有机玻璃板和基岩顶面边缘处密封产生的约束,模拟覆岩最上位的岩层出现了离层现象,但从宏观上讲这没有影响覆岩矿压显现和潜水渗流规律。

图 3-20　直接顶垮落

图 3-21　覆岩整体全厚切落

图 3-22　潜水全部渗流

　　大柳塔 1^{-2} 煤层已开采的有 1203、1207 和 1209 等多个工作面,工作面初次来压的特点都是覆岩整体全厚度切落,不仅矿山压力显现特别剧烈,而且砂层下的潜水由切落裂隙涌入工作面。这几个工作面初次来压步距为 27.6～35.0 m,1203 工作面初次来压覆岩沿煤壁整体全厚度切落,上部潜水由贯通裂隙直泻而下;1209 工作面初次来压时其矿山压力剧烈程度竟使液压支架严重损坏,在工作面 104 架支架中损坏的支架达 43 架,顶板台阶下沉量达 2.0 m,最终导致工作面停产,如果不是采取在每个液压支架顶梁下架设 3 根单体液压支柱的措施,其顶板台阶下沉量可能还要大。由验证实验与实际开采比较可知:

① 两相模拟实验初次来压时上覆岩层整体全厚切落,与实际开采相符;

② 两相模拟实验初次来压即覆岩全厚切落步距 34 m,与实际开采一致;

③ 两相模拟实验中潜水沿切落贯通裂隙泻入工作面,与实际开采吻合。

实验证明流固两相模拟所得出的工作面矿山压力显现和上覆岩层的破坏规律与现场基本一致,基本顶初次来压步距与实际基本吻合,潜水渗流规律和其他参数也与原型相似,这说明两相模拟材料和配比选择正确,实验过程可信,结论可靠。

3.5   小   结

(1)根据连续介质的流固耦合数学模型,以岩石力学、弹性力学和流体力学为基础,推导了岩体介质的弹性力学相似条件和水的流体力学相似条件,结合弹性力学相似和流体力学相似推导了流固耦合的相似准则。

(2)成功地研制了以石蜡为胶凝剂的流固两相相似模拟实验材料,突破了传统的单一固体模拟实验,为地下保水开采相似模拟实验取得了突破性进展,也为以后研究渗流场与应力场的耦合开辟了新的途径。

(3)实验材料的弹性力学参数与渗流力学参数与原型相似,具有良好的非亲水性,其性质满足两相相似模拟实验要求。同时,通过岩石力学参数和相似材料配比实验的多次逼近,获得了榆神府矿区煤层覆岩岩石力学参数相似的模型材料配比。

(4)解决了不同介质模拟的耦合比,因为即使密度很轻的汽油也不能满足流固耦合相似模拟对液体密度的要求,实验中把以几何比例计算出的模型潜水水位高度按照相应的比例减小,用减小水位高度的办法来补偿潜水模拟材料未考虑容重比例所引起的误差。

(5)在实验室"固-液-气"三相耦合相似模拟实验台的基础上,进一步完善了流固耦合相似模拟实验平台的应力、位移、渗流测试系统及测试技术。

(6)实验材料验证表明,实验中上覆岩层整体全厚切落,与实际开采相符,实验初次来压步距与实际开采一致,实验潜水渗流规律与实际开采吻合。进一步证明了两相模拟材料和配比选择正确,实验过程可信,结论可靠。

4　浅埋煤层开采流固耦合相似材料模拟实验研究

在煤炭开采过程中,主关键层的断裂将导致全部的上覆岩层产生整体运动,而在地面厚松散层浅埋煤层中,两层关键层在厚松散层载荷作用下容易形成组合关键层而出现整体变形和破坏,在松散层中有潜水时还受到开挖过程中的流固耦合作用。本章在已研制的耦合模拟实验材料的基础上制作模型,模拟不同开采方案时主关键层或组合关键层在流固耦合作用下的运动破坏规律,掌握覆岩中裂隙的发展、水的渗流规律,分析影响浅埋煤层长壁间隔式推进保水的关键层层位、极限破断距、煤层采高和潜水渗流特征等因素,从而取得长壁间隔式推进保水工作面的合理推进距离。

4.1　主关键层位于弯曲下沉带中的实验

4.1.1　实验工作面地质条件

大柳塔煤矿 2^{-2} 煤层的 201 工作面位于大柳塔矿井的东北部,是该矿区的高产高效首采工作面,地表属于掩盖区,地形起伏不大。工作面倾向长 220 m,走向长 2 660 m,开采煤层厚度在 4.00~4.52 m 之间变化,煤层厚度平均为 4.28 m,结构单一,不含夹矸,为稳定煤层。工作面上覆岩层可分为松散层和基岩两部分,松散层厚度约为 26 m,基岩厚度约为 68 m,底板高程在 1 123.17~1 143.14 m 之间,大致北高南低。覆岩层参数如表 4-1 所列。

表 4-1　201 工作面覆岩参数

序号	岩　性	厚度/m	容重/(MN/m³)	抗拉强度/MPa	弹性模量/10⁴ MPa
13	松散层	26.1	0.018	—	—
12	泥质粉砂岩	7.8	0.025	3.8	1.18
11	细砂岩	11.2	0.025	5.1	1.69
10	泥岩	4.8	0.023	1.9	0.74
9	粉砂岩	6.2	0.024	4.6	1.27

表 4-1(续)

序号	岩　性	厚度/m	容重/(MN/m³)	抗拉强度/MPa	弹性模量/10⁴ MPa
8	细砂岩	6.5	0.024	4.3	1.48
7	砂质泥岩	4.2	0.024	1.6	0.74
6	1⁻²煤层	1.3	0.013	1.3	0.24
5	泥岩	3.9	0.022	1.3	1.31
4	粉砂岩	6.8	0.024	4.7	1.45
3	沙泥岩互层	5.7	0.024	2.5	1.0
2	中砂岩	4.8	0.024	3.1	1.69
1	砂质泥岩	4.8	0.024	1.6	0.74
0	2⁻²煤层	4.3	0.013	0.7	0.15

通过关键层的定义对 201 工作面岩层的刚度条件进行判断,可以判断出第 2 号岩层是第一层硬岩层,第 4 号岩层是第二层硬岩层,第 8 号岩层是第三层硬岩层,第 11 号岩层是第四层硬岩层,往上再无硬岩层。根据组合关键层的定义进行判断,将 8 号岩层和 11 号岩层及相关岩层和松散层的参数代入第 6 章组合关键层的判别式,可得其比值为 1.7,比值大于 1,不满足组合关键层形成的条件,只能形成主关键层和亚关键层。进一步通过关键层的强度条件判别可知,第 11 号岩层为主关键层,第 2、4、8 号岩层分别为第一、二、三层亚关键层。

4.1.2 实验及结果分析

201 工作面的流固耦合实验模型如图 4-1 所示,模型几何比例为 1∶200,为了与 2211 工作面的采高形成对比,模拟设计煤层采高为 4.5 m。实验中随着工作面的推进,直接顶首先垮落,上覆岩层中的亚关键层由下向上逐层破断,如图 4-2 所示。当工作面推进 56 m 时,第一、二层亚关键层全部破断,如图 4-3 所示。采空区上覆岩层破坏处于垮落带,在第三层亚关键层破断后,采空区上覆破坏岩层就进入了裂隙带,破断岩层与未破断岩层形成很好的铰接结构,但裂隙全部贯通,显然属于导水裂隙带,如图 4-4 所示,此时裂隙带高度为 53.5 m。

在工作面继续推进过程中,主关键层下基本顶岩层发生周期破断,主关键层随着跨度的增加而产生弯曲变形,但主关键层没有发生破断,潜水水位显示管也发生了明显的倾斜,如图 4-5 所示。直到工作面推进到 78 m 时,主关键层才产生了破断裂隙。主关键层破坏后没有出现贯通裂隙,只是在主关键层一定高度内有微裂隙,主关键层上的岩层和松散层全部随主关键层一起弯曲下沉,松散层中潜水水位保持原有高度,如图 4-6 所示。

实验过程中裂隙带的高度只发展到了主关键层以下,尽管裂隙带上还有未

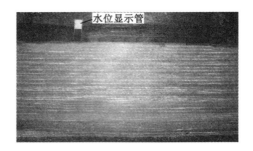

图 4-1　基岩厚度 68 m 模型

图 4-2　直接顶垮落

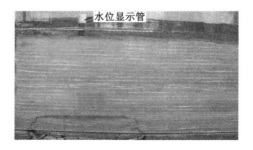

图 4-3　第一、二层亚关键层破断

充填满的空间,但主关键层破坏后没有贯通裂隙产生。这说明在主关键层下岩层裂隙带的发展规律和一般埋藏条件下的发展规律一样,但主关键层及其上覆岩层协调运动,全部进入裂隙带,或者全部进入弯曲下沉带。图 4-6 表明,由于采空区垮落岩层的破碎充填作用,主关键层及其上 19 m 厚的岩层已进入弯曲下沉带,这也进一步说明了主关键层对其上的全部岩层及松散层起控制作用,并且其运动和变形是协调一致的。该实验条件的主关键层下岩层厚度为 49 m,主关键层层位高与采高之比 $k_c=10.8$,主关键层下岩层厚度满足裂隙带发展的高

图 4-4　第三层亚关键层破断

度,主关键层可能进入弯曲下沉带,说明该条件下工作面可以连续推进实现保水开采。

图 4-5　主关键层下基本顶岩层发生周期破断

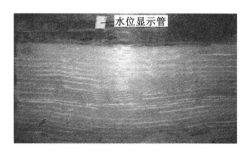

图 4-6　主关键层和地表弯曲下沉

4.1.3　实验结果与实测对比

　　煤炭科学研究总院北京开采研究所以及西安分院水文所于 1995 年进行了《矿井水、地表塌陷与采矿相关性初期研究》,采用钻孔观测法来确定导水裂隙发展高度,在采空区地表打钻孔,通过钻孔内冲洗液的消耗量、水位变化等来确定覆盖岩层破坏高度。从而获得了大柳塔煤矿 201 工作面采后覆盖岩层的导水裂隙高度。其中,冒 1 孔于 1995 年 5 月 2 日开钻,钻孔坐标 $X = 4\,351\,291.384$ m,$Y = 37\,436\,807.951$ m,$Z = 1\,236.134$ m,开孔直径为 170 mm,终孔直径为 91 mm。测量和计算结果如表 4-2 所列。

表 4-2　冒 1 孔冲洗液消耗量记录表

进尺/m	孔深/m	钻进时间/min	消耗水量/m³	钻进速度/(m/min)
0.40	44.40	2		0.20
0.40	44.80	1	0.020	0.40
0.50	45.80	2	0.005	0.25
0.50	46.30	1	0.005	0.50
0.50	46.80	1	0.004	0.50
0.50	47.30	3	0.003	0.17
0.30	47.60	2	0.010	0.15
0.75	48.35	2	不返水	0.15

从表中可以看出,在孔深为 48.35 m(标高 1 187.784 m)处,孔口不返水,说明钻孔已经进入导水裂隙带,因此确定为导水裂隙带顶点位置,即导水裂隙带高度为 45.78 m(钻孔处煤层底板标高为 1 138 m)。实验模拟中煤层采高为 4.5 m,裂隙带高度为 53.5 m,约为煤层采高的 12 倍。工作面实际开采煤层高度为 4 m,如果按照 4 m 采高模拟,则实验中裂隙带高度在 47.5 m 左右。现场实测裂隙带高度为 45.78 m,按照裂隙带高度理论计算为 45.6 m。这表明实验研究的结果和实测及理论计算的结论很接近,可以认为是基本一致的。为了达到安全保水开采的目的,这里确定为较大值(实验结果),即裂隙带高度为 47.5 m,裂隙带之上的主关键层控制其上的岩层和松散层,在开采过程中其运动和变形协调一致,全部进入弯曲下沉带。

4.2　主关键层位于裂隙带中的实验

4.2.1　实验工作面地质条件

补连塔煤矿 2^{-2} 煤层 2211 综采工作面,煤层倾角为 $1°\sim3°$,平均厚度为 5.0 m,采高为 4.5 m,工作面覆岩也是松散层和基岩。松散沙层在开切眼处达 40.0 m 左右,随着工作面的推进急剧减小,在推进 500 m 之后,松散层厚度平均约为 15.0 m。上覆基岩在开切眼处厚 64.5 m,随着工作面的推进而增大,在推至 400 m 后,基岩厚度已达 110.0 m。矿区充水主要来源于大气降水补给,其次有地表水、地下水补给和地下潜水。2211 工作面附近的钻孔主要有 BK$_{15}$、BK$_{16}$和 BK$_{17}$,综合距离工作面最近的 BK$_{15}$ 和 BK$_{16}$ 钻孔,所得的覆岩参数见表 4-3。

表 4-3　补连塔煤矿 2211 工作面覆岩参数

序号	岩　性	厚度/m	容重/(MN/m³)	抗拉强度/MPa	弹性模量/10⁴ MPa
13	风积沙	41.5	0.016		
12	砾石	1.5	0.016		
11	砂质泥岩	10.2	0.024	2.13	1.17
10	细砂岩	12.5	0.023	2.75	4.15
9	粗砂岩	2.6	0.026	3.10	4.15
8	砂质泥岩	16.3	0.024	2.13	1.17
7	粉砂岩	2.8	0.023	3.83	3.43
6	粗砂岩	5.3	0.026	3.10	4.15
5	泥岩	2.8	0.026	2.13	1.17
4	2⁻²ᵘ 煤层	2.2	0.013		1.51
3	泥岩	3.1	0.024	2.13	1.17
2	粗砂岩	4.1	0.026	3.10	4.15
1	泥岩	2.6	0.024	2.13	1.17
0	2⁻²ᵐ 煤层	5.0	0.013		1.51

注:8 号岩层的分层厚度为 4.0～4.3 m。

同样根据关键层的定义对 2211 工作面岩层的刚度条件进行判断,可得 2、6、10 号岩层为硬岩层,通过组合关键层的形成条件计算可得其比值大于 1,不满足组合关键层的形成条件,只能形成主关键层和亚关键层。进一步进行强度条件的判别可得 10 号岩层为主关键层,2、6 号岩层依次为第一、二层亚关键层。上覆基岩全厚 64.5 m,主关键层下岩层厚 41.8 m。

4.2.2　实验及结果分析

模型开挖过程如图 4-7 所示,工作面在推进到 33 m 时发生初次来压,顶板垮落到第一层亚关键层,如图 4-8 所示。在工作面继续推进到 52 m 的过程中,工作面发生了第三个周期来压,顶板破坏逐渐向上发展,但没有发生整体切落迹象,并且破断岩层与未垮落岩层开始形成铰接结构,岩层开始进入裂隙带,此时裂隙带高度为 22.5 m,如图 4-9 所示。

图 4-7　直接顶垮落

图 4-8　工作面初次来压

图 4-9　工作面第三个周期来压

当工作面推进到第四个周期来压时,垮落发展到 10 号岩层主关键层下,随后主关键层破断,上位岩层整体垮落(图 4-10),破坏岩层进入裂隙带,基岩上松散层有进入弯曲下沉的趋势,但导水裂隙贯通整个基岩厚度,潜水水位下降,水渗入工作面。由于覆盖层中无可再生的隔水土层,最终潜水全部渗流。

实验中对开切眼侧的裂隙发展过程进行了监测,在开采过程中有三条竖向贯通裂隙向上发展,如图 4-11 所示。由图可知,其中两条裂隙发展到裂隙带之后就闭合了,此时裂隙带的高度为 23 m。而另外一条裂隙一直随着工作面的推

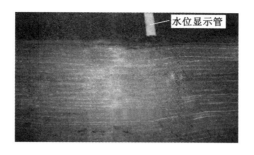

图 4-10　上位岩层整体垮落

进而向上发展,最终贯通整个覆盖岩层进入潜水层。这表明随着采空区垮落高度的增加,岩层由垮落带进入裂隙带时,竖向裂隙的密度在逐渐减小,并且裂隙的宽度也在逐渐减小,但这种变化只有在岩层破坏进入弯曲下沉带时,裂隙才会最终闭合和消失。潜水渗流特征也表明,工作面回采前 52 m 时,开采扰动影响较弱,主关键层尚未有明显的节理裂隙导水出现,渗流活动不明显。在第四个周期来压过程中,潜水突然从采空区上方岩层中渗流而下,说明此时主关键层已经破坏,出现了较多的导水裂隙,进而发生了涌水现象,渗流特征如图 4-12 所示。

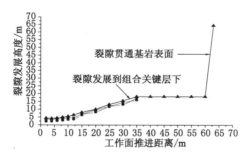

图 4-11　裂隙发展与工作面推进距离的关系

　　实验中覆岩的运动破坏规律是下位岩层逐层垮落而上位岩层整体垮落,因风积沙不能形成任何“梁”或“板”承受载荷,而仅只能施加巨大的载荷,从而使上位岩层不能自下而上依次垮落,最终形成厚度很大的整体破坏。尽管岩层垮落到 18 m 之后就开始进入了裂隙带,但主关键层下岩层厚度只有 41.8 m,没有达到裂隙带发展所需的最小高度,主关键层的运动和破坏形式仍然进入裂隙带,而主关键层所控制的岩层和主关键层的运动破坏是同步的,这也就限制了主关键层之上岩层破坏进入弯曲下沉带的可能性。因此,工作面上覆岩层出现了垮落带和裂隙带两带,垮落带的高度为 22.5 m,裂隙带的高度贯穿整个基岩厚度,

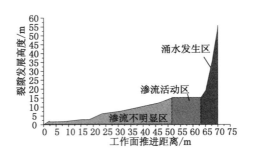

图 4-12　围岩的渗流特征变化过程

即裂隙带高度为 69 m。由于松散层具有"松软"特性,裂隙在松散层破坏后的运动过程中逐渐闭合,最终被压实,松散层为沙层时不隔水,为土层时可能再生隔水性能。

　　实验表明:主关键层层位高与采高之比 $k_c = 9.3$ 时,主关键层下岩层厚度不满足主关键层进入弯曲下沉带的要求,不能实现工作面连续推进保水。

4.2.3　实验结果与实测对比

　　2211 工作面采前已经做过大量疏水工作,并且装有多台大功率潜水泵,在开采时边采边疏,因此来压时未出现大的涌水,虽在第四个周期来压时工作面出现了较大的涌水,但经过排放后,工作面生产很快恢复正常。在工作面来压时上覆岩层没有发生整体切落,工作面存在明显的初次来压和周期来压现象,工作面初次来压步距为 35.1 m。在工作面推进过程中,覆岩的破坏规律是顶板基岩下位岩层随工作面推进而垮落,顶板基岩上位岩层形成整体垮落。

　　实验研究中工作面初次来压步距为 33.0 m,工作面顶板基岩下位岩层也是随工作面的推进而垮落,只有当工作面推进到一定距离时,上位岩层才发生整体垮落。模拟结果和现场实测结论基本一致。

4.2.4　主关键层层位对裂隙带发展的影响

　　201 工作面和 2211 工作面的实验表明,在主关键层之下岩层的运动和破坏特征符合一般条件下煤层开采岩层的运动和破坏特征,而主关键层及其上的岩层在厚松散层巨大载荷作用下,岩层将出现整体协调一致运动。因此,岩层的运动破坏规律是下位逐层垮落而上位整体垮落,主关键层是否进入弯曲下沉带与主关键层的层位距离煤层顶板的高度和采高相关,当层位高与采高之比 k_c 满足 $k_c \geq 11$ 时,主关键层可进入弯曲下沉带。

　　模拟实验中,201 工作面煤层埋藏深度为 94.1 m,其中基岩厚度为 68.0 m,主关键层的层位高 49.0 m,松散层厚 26.1 m,煤层采高为 4.5 m,裂隙带高度为

53.5 m,裂隙发展到主关键层下。2211 工作面煤层埋藏深度为 106.0 m,其中基岩厚度为 64.5 m,主关键层的层位高 41.8 m,煤层采高为 4.5 m,裂隙带高度为 69.0 m,裂隙发展贯穿整个基岩厚度。开采过程中裂隙带发育特征如表 4-4所列,由表可以看出,在两工作面模拟开采高度相同的条件下,尽管两工作面煤层上基岩厚度相差只有 3.5 m,但裂隙带的高度相差很大,后者比前者大15.5 m,这说明其主关键层层位对裂隙带的发展起决定性作用,只有主关键层的层位达到一定高度才能限制裂隙带的发展,也即裂隙带在主关键层下发展与采高之比 $k=12$ 时,裂隙才可能停止发展。随着工作面的推进,围岩的渗流状况由原生裂隙逐渐向变形裂隙和导水裂隙过渡。

表 4-4　主关键层层位对裂隙带高度的影响

工作面	采高 /m	埋深 /m	基岩 厚/m	主关键层 层位/m	层位与 采高比	裂隙带 高/m	初期渗 流状况	后期渗 流状况
201	4.5	94.1	68.0	49.0	10.9	53.5	原生孔 或裂隙	围岩变 形裂隙
2211	4.5	106.0	64.5	41.8	9.3	69.0	原生孔 或裂隙	变形裂隙、 导水裂隙

4.3　1203 工作面组合关键层条件下的实验

4.3.1　实验工作面地质条件

1203 工作面是大柳塔煤矿投产的首采工作面,工作面开采煤层为 1^{-2} 煤层,煤层厚度平均为 6 m,煤层倾角平均为 3°,地质构造简单。埋藏深度为 50～60 m,基岩上部为 15～30 m 的厚松散层覆盖,松散层下部有含水层,潜水深度为 18～22 m,工作面长度为 150 m,采高为 4 m。工作面基岩厚度变化比较大,模拟选取基岩最薄处即基岩厚度为 15 m 的地方模拟基岩厚度在 20 m 以下的砂基型潜水采煤区,同时选取基岩厚度为 30 m 处模拟基岩厚度变化对岩层运动破坏的影响以及潜水的渗流状况。

工作面覆岩参数及组合关键层参数的详细计算见第 6 章。由计算可知第四层厚 2.2 m 的粉砂岩为第一层基本顶,第七层厚 3.9 m 的砂岩互层为第二层基本顶,4 号岩层和 7 号岩层与其间的夹层形成组合关键层。

4.3.2　实验及结果分析

基岩厚 15 m 的模拟实验模型如图 4-13 所示,模型中组合关键层层位距离煤层顶板高 6 m。工作面自开切眼推进到 14 m 时,直接顶垮落,推进到 18 m 时顶板垮落高度达 3 m,推进到 24 m 时顶板继续向上垮落,垮落高度达 6 m,垮落发展到组合关键层下,如图 4-14 所示。此时未垮岩层厚度仍有 9 m,潜水水位保持不变,表明未垮岩层暂时稳定,无贯通裂隙产生,潜水也未流入工作面。根据实际工作面初次发生覆岩整体切落的距离,设计此时停采,留 10 m 煤柱后,另掘开切眼开采,即进行长壁间隔式推进实验,长壁间隔式推进的详细定义见第 7 章。这里将已采的工作面称为第一开采带,即将开采的工作面称为第二开采带[101]。

图 4-13　基岩厚度为 15 m 的模型

图 4-14　第一开采带推进 24 m 时的模型

当第二开采带工作面推进到 14 m 时,第一开采带工作面上覆岩层发生整体切落,潜水全部渗漏,如图 4-15 所示,并在地表形成较大的凹形沉陷坑,如图 4-16 所示。对于在第二开采带开采时,第一开采带上覆岩层发生整体切落的现象可作以下解释:一方面由于第一开采带推进到 24 m 时已接近工作面初次来压步距 27.6～35.0 m 的最小值,同时第二开采带的开采改变了第一开采带覆岩的约束条件;另一方面由于时间效应的影响,开挖形成的应力场和渗流场耦合作用逐渐增加,最终导致组合关键层失稳破坏。

图 4-15 覆岩整体切落

图 4-16 地表沉陷坑

由实验现象可知,在基岩厚度小于 20 m 时,长壁连续推进上覆岩层整体全厚切落,矿山压力剧烈,既造成工作面涌水灾害,又使区域潜水水位下降。采用长壁间隔式推进时,覆岩仍然会出现整体全厚切落,导致潜水下泻,水位下降。也可以再缩小长壁间隔式推进距离,一直到覆岩不再出现整体全厚切落为止,但是如果推进距离太小,如工作面只推进 10~15 m,那又失去了长壁间隔式推进的意义。因此,要达到保水目的,该区域只能采用条带式开采或房柱式开采或充填开采。

在基岩厚 30 m 的模型中(图 4-17),组合关键层的层位距离煤层顶板 13 m (其中 2 m 顶煤设计为直接顶),并且基岩厚度增加到了 30 m,所以实验设计连续推进。在模拟过程中,上覆岩层运动和破坏形式发生了改变。在工作面推进到 32 m 时,基本顶发生初次来压,基本顶初次来压时破坏没有波及组合关键层,此时岩层垮落到组合关键层下,松散层中的潜水也没有受到影响,潜水水位保持不变,采空区垮落岩层完全处于垮落带,如图 4-18 所示。

在工作面继续推进到 41 m 时发生第一个周期来压,这时顶板垮落高度增加到离煤层 20 m 高处,组合关键层部分岩层破断,如图 4-19 所示,上覆未垮的 10 m 基岩也出现了拉裂隙。停采观察时顶板基岩继续向上垮落,接着出现大面

图 4-17   基岩厚度为 30 m 的模型

图 4-18   下位岩层逐层垮落

积整体垮落,潜水涌入工作面。在第一个周期来压期间,煤壁前方水平位移较大,裂隙不断发育,潜水的渗流活动加剧,由原生裂隙渗流转换为位移拉伸裂隙渗流,潜水水位缓慢下降,裂隙中由于相对水头增加,渗透压力也逐渐增加,渗透压力加剧了已产生裂隙岩体的破坏,最终垮落形成三条贯通到松散层中的导水裂隙,如图 4-20 所示。

图 4-19   组合关键层部分岩层破断

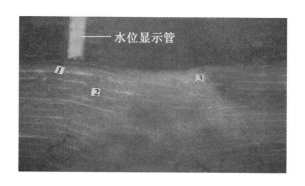

图 4-20 导水裂隙贯通到松散层

实验模拟表明,在基岩厚度大于 20 m 时,如果组合关键层下存在一定高度的基本顶岩层,长壁工作面连续推进时组合关键层下岩层逐层破断,工作面初次来压时不会发生整体全厚切落,并且有明显的周期来压,长壁间隔式保水开采工作面的宽度(推进距离)可以大于基本顶初次来压步距。当工作面发生第一次周期来压时,尽管组合关键层的组成岩层破断出现了时间上的间隔,但最终组合关键层及其上的岩层仍然出现了整体全厚切落,并且组合关键层破断时裂隙也已经贯通含水层。工作面的推进不能使组合关键层发生破断,也就是采空区上方岩梁的跨度不能超过组合关键层的极限跨距。与基岩厚度小于 20 m 的情况相比,该条件下长壁间隔式推进能实现保水开采,长壁间隔式推进保水工作面的合理推进距离为 32～41 m。

4.4 203 工作面组合关键层条件下的实验

4.4.1 实验工作面地质条件

实验以大柳塔煤矿 2^{-2} 煤层 203 综采工作面基岩厚度为 39 m 处岩层参数为模拟对象,该处煤层平均倾角为 1.5°,煤层厚度为 4.5 m,主要水源为大气降水和外围及侧向径流,裂隙是矿井充水的主要通道,对于上覆基岩较薄而松散层富水强的地区,很容易发生涌水事故。其上覆岩层由松散层和基岩两部分组成,松散层厚度最大为 54 m,总趋势是北厚南薄,基岩厚度为 34～55 m,在基岩厚度为 39 m 处岩层参数如表 4-5 所列。

表 4-5　基岩厚度 39 m 处岩层参数

序号	岩性	厚度/m	容重/(MN/m³)	抗拉强度/MPa	弹性模量/10⁴ MPa
13	松散层	35.0	0.016		
12	风化层	3.8	0.022	1.20	0.6
11	细砂岩	3.2	0.023	4.84	1.3
10	粉砂岩	3.0	0.025	3.90	0.6
9	细砂岩	3.0	0.023	4.84	1.3
8	中砂岩	5.0	0.024	4.89	1.8
7	细砂岩	3.0	0.023	4.84	1.3
6	粉砂岩	2.0	0.024	3.90	0.6
5	细砂岩	2.3	0.023	4.84	1.3
4	中砂岩	4.0	0.024	4.89	1.8
3	粉砂岩	3.0	0.025	3.90	0.8
2	砂质泥岩	3.0	0.025	3.62	0.7
1	粉砂岩	2.0	0.024	3.90	0.6
0	2^{-2}煤层	4.5	0.013	0.70	0.15

根据关键层的定义对该工作面基岩厚度为 39 m 处岩层参数的刚度条件进行判断,由工作面覆岩有关参数计算可知,第 4 层岩层为第一层硬岩层,按照刚度条件公式依次向上计算可得:

$$q_4|_4 = 0.096 \text{ MN/m}^2; \quad q_4|_5 = 0.131 \text{ MN/m}^2; \quad q_4|_6 = 0.167 \text{ MN/m}^2;$$
$$q_4|_7 = 0.179 \text{ MN/m}^2; \quad q_4|_8 = 0.112 \text{ MN/m}^2 .$$

因 $q_4|_8 < q_4|_7$,根据关键层刚度判别条件,可计算出 8 号岩层为第二层硬岩层,第一层硬岩层载荷为 $q_4|_7 = 0.179 \text{ MN/m}^2$,同样可以依次向上计算出第二层硬岩层的载荷:

$$q_8|_8 = 0.120 \text{ MN/m}^2; \quad q_8|_9 = 0.163 \text{ MN/m}^2; \quad q_8|_{10} = 0.215 \text{ MN/m}^2;$$
$$q_8|_{11} = 0.238 \text{ MN/m}^2; \quad q_8|_{12} = 0.269 \text{ MN/m}^2 .$$

由前面对硬岩层的判断可知,该工作面的上覆岩层中存在两层基本顶硬岩层,根据组合关键层的判别公式进行计算,各项值计算结果如表 4-6 所列,把表 4-6 所列的相关值代入判别公式得其值为 0.558,小于 1。

表 4-6 组合关键层相关参数计算

层号	1~n 层		(n+1)~m 层		q /(MN/m²)
	$\sum \rho g h$ /(MN/m²)	$\sum E h^3$ /(m·MN)	$\sum \rho g h$ /(MN/m²)	$\sum E h^3$ /(m·MN)	
13					风积沙
12			0.083 6	32.92×10⁴	0.56
11			0.073 6	42.6×10⁴	
10			0.075	16.2×10⁴	
9			0.069	35.1×10⁴	
8			0.120	225×10⁴	
7	0.069	35.1×10⁴			
6	0.048	4.8×10⁴			
5	0.053	15.8×10⁴			
4	0.096	115.2×10⁴			
3、2、1					直接顶

计算结果表明,第一层硬岩层(4 号岩层)和第二层硬岩层(8 号岩层)协调变形,即 4 号岩层和 8 号岩层及其间的夹层形成的组合关键层承担其上松散层载荷,在松散层载荷作用下,由两层基本顶及相关岩层组成的组合岩梁协调变形,同步破坏。

4.4.2 实验一及结果分析

根据 1203 工作面不同基岩厚度和组合关键层层位不同模拟的结果,在煤层覆盖层大于 20 m 的条件下,可以采用长壁间隔式推进实现保水。而 203 工作面覆盖层中基岩厚度比 1203 工作面平均要大 1 倍左右,因此该工作面模拟先采用 1∶200 的小比例模型进行长壁间隔式推进留煤柱开采模拟,并对第二开采带进行连续推进。一方面模拟长壁间隔式推进工作面的合理推进距离;另一方面模拟基岩厚度对岩层运动破坏的影响和潜水的渗流规律。

模拟模型如图 4-21 所示,当工作面推进 34 m 时,基本顶初次来压,顶板垮落高达 4 m。当工作面推进到 43 m 时,基本顶第一次周期来压,顶板垮落高度达 8 m,根据前面的实验结果和现场开采实际情况,工作面若继续推进,则有涌水的可能,故模型在此停采,进行长壁间隔式推进实验,如图 4-22 所示[101]。

在第一开采带内,采空区上未充填的自由空间高度比较大,但破坏岩层有进入裂隙带的趋势,采空区垮落岩层的连通裂隙也主要是在开切眼侧和工作面侧。留 10 m 煤柱后开采第二开采带,在第二开采带开采时,第一开采带的岩层运动

图 4-21 模拟模型

图 4-22 第一开采带推进到 43 m

和破坏没有发生变化,松散层中潜水水位也没有改变。当工作面推进到 42 m时,岩层垮落的高度达到第一开采带的垮落高度,此时停止开采,对煤柱和顶板进行监测。在为期两天的监测中(实际开采中要 1 个月),煤柱没有失稳破坏的迹象,破坏高度都在组合关键层之下,组合关键层没有离层、弯曲和下沉,潜水水位仍然没有变化,如图 4-23 所示。这表明此时的长壁间隔式推进参数能够实现保水,10 m 隔离煤柱也能保持稳定。第一开采带内岩层垮落充分,组合关键层悬梁长约 20 m,第二开采带内岩层垮落不充分,组合关键层悬梁长只有 12 m 左右,尽管两悬梁长度差别比较大,但都没有达到组合关键层的极限破断距。

在对第二开采带停采监测后进行连续推进模拟,工作面仅仅推进了一个周期来压,即工作面推进到 51 m 时,发生第二个周期来压,顶板垮落高度迅速发展到基岩表面,潜水全部渗流,如图 4-24 所示。模拟中由于对垮落破碎的岩层没保护好,部分垮落到模型外,同时由于防水胶体有一定的摩擦,导致松散层的运动略滞后于岩层的运动,所以采空区上方还有自由空间。在工作面连续推进过程中,工作面顶板基岩下位岩层随工作面的推进而垮落,而上位岩层破断开始为一个大的整体岩柱,随后为周期破断岩柱。

由实验分析可知,在工作面连续推进时,上覆岩层出现垮落带和岩柱错动

图 4-23　第二开采带推进到 42 m

图 4-24　第二开采带推进到 51 m

带,岩柱错动带具有垮落带和裂隙带的双重属性,其整体性好,仅岩柱间有裂隙贯通,具有裂隙带特点;又由于采高较大,未充填满的自由空间大,岩柱与岩柱间有较大错位,具有垮落带特点。覆岩在垂直方向上出现垮落带和岩柱错动带,这既不同于一般开采下的"三带",又不同于 1203 工作面的"三带合一"。这主要由于在基岩上风积沙巨大的载荷作用下,岩层中形成厚度很大的组合关键层,表现为整体岩柱形式,岩柱错动带内裂隙具有很好的连通性,不具有隔水性能。因此,在该地质条件下,开采高度为 4 m 时,长壁间隔式推进保水工作面的合理推进距离为 42～51 m。

4.4.3　实验一结果与实测对比

模拟实验和现场开采实测取得的一些结果如表 4-7 所列,由表可知,实验模拟的初次来压步距比实测值小 1 m,实验中发生涌水时工作面的推进距离小 2 m,这主要是因为 203 工作面是一个高产高效工作面,工作面推进速度快,而工作面覆岩的破坏还受时间的影响,流固耦合作用随时间的增加而改变岩层的稳定性。因此,模拟的结论和实际实测的结果是基本一致的。

表 4-7　流固耦合相似模拟研究与现场实测结果比较

研究方法	初次来压步距/m	涌水时工作面推进距离/m	台阶下沉	沿煤壁全厚切落	渗流状况
流固耦合模拟	34	51	无	无	全部渗流
现场实测	35	53	无	无	50 m³/h

4.4.4　实验二模拟设计

由前面分析可知,组合关键层的层位越高,长壁间隔式推进工作面的保水推进距离越大;组合关键层的极限破断距越大,保水推进距离也越大。另外,煤层的开采高度(开采后的自由空间)影响岩层破坏后的运动形式,层位高与采高之比 k_c 越大,组合关键层在运动破坏中越容易进入弯曲下沉带而起到隔水作用。组合关键层之下 8 m 厚岩层垮落有一定的充填作用,如果限制采高并留临时煤柱,煤柱破坏后也有一定的充填作用。所以实验二设计比例为 1:100,模拟目的和设计如下:

① 为了模拟组合关键层下自由空间对导水裂隙发育的影响,实验设计采用长壁间隔式推进临时煤柱开采方法,限制煤层开采高度,模拟煤层采高降低到 2.5 m,留 2.0 m 底煤。长壁间隔式开采的两工作面设计推进距离为 40 m,在工作面和煤柱形成后,对两开采带间的煤柱进行缩小,在煤柱逐渐失稳破坏的过程中分析此时组合关键层的运动破坏规律。

② 为了模拟组合关键层运动对厚松散沙层或隔水土层的影响,实验设计在模型内部组合关键层的硬岩层中布置位移测点,采用导管保护引出测线与量程为 50 mm 的百分表相接。同时,在内部测点对应的基岩与松散层接触面上布置位移测点,进行同一垂直位置的位移测试,分析组合关键层运动与地面松散层运动的关系。

4.4.5　实验二及结果分析

(1) 长壁间隔式推进过程及煤柱上应力分析

模拟模型及测试系统如图 4-25 所示,模型在距离右边界 30 m 处开采第一开采带,开采过程中,采空区上方直接顶随采随落,当工作面推进到 32.5 m 时发生初次来压,组合关键层下岩层垮落高度达到 5 m,在基本顶破断初次来压过程中,组合关键层及其上的岩层移动很小,松散层下潜水水位无变化。在工作面继续推进到 40 m 的过程中,组合关键层之下的岩层全部垮落,如图 4-26 所示。

留 10 m 煤柱后开采第二开采带,在第二开采带工作面推进过程中,岩层的运动和破坏形式与第一开采带一样,都是组合关键层下岩层先发生初次来压,后发生周期来压,当工作面推进到 40 m 后形成了两开采带间的临时煤柱,如图 4-27所示。在两开采带开采过程中,不管是初次来压还是周期来压,潜水层

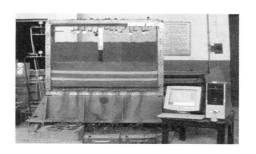

图 4-25　模拟模型全景

图 4-26　第一开采带形成

图 4-27　第二开采带形成

中的水位都没有发生明显变化,组合关键层和松散层位移很小,煤柱上应力变化不大,这表明采空区上覆岩层和煤柱稳定。实验中继续在第一开采带和第二开采带两边各留 10 m 煤柱,在开采模型的左右两边界进一步形成模型右边界的1 号隔离煤柱和左边界的 2 号隔离煤柱,如图 4-28 所示。

　　实验在模型煤层的底板中埋设应力传感器,引线由侧边引出,通过应变仪进行测试,并通过电脑自动采集系统对数据的变化进行实时监测。在 1 号隔离煤柱形成前,随着第一开采带和第二开采带工作面的推进,煤壁内的支承压力逐渐

图 4-28　边界隔离煤柱形成

增大,如图 4-29 所示。图中每条曲线上的点分别代表宽度为 1 m 传感器的量测值,由图可知,煤壁内支承压力峰值在距离开切眼侧 3 m 左右,大小约为 10 MPa(原型值,以下同),其他测点应力值大多在 5 MPa 附近波动。第二开采带在推进过程中,2 号隔离煤柱形成前的支承压力分布与 1 号隔离煤柱相似,变化规律一致,距离工作面煤壁越远,支承压力越小,如图 4-30 所示,但其支承压力比1 号支承压力要小。

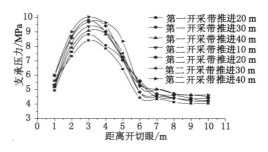

图 4-29　1 号隔离煤柱形成前应力

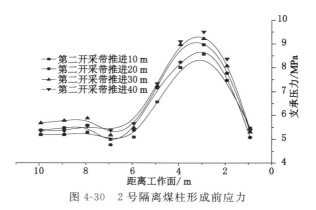

图 4-30　2 号隔离煤柱形成前应力

当模型对两边界开采形成 1、2 号隔离煤柱之后,煤柱上的应力分布发生了改变,同时通过电脑监测发现,随着时间的变化煤柱上的应力也在不断改变。1、2 号隔离煤柱上支承压力分别如图 4-31 和图 4-32 所示。由图可知,两煤柱上支承压力呈马鞍状,并且随观测时间的增加而增大,在观测 20 d(原型)的过程中,煤柱中部支承压力明显增加,逐渐靠近两侧峰值,支承压力峰值在靠近两开采带内侧。实际煤柱的抗压强度在 16 MPa 左右,煤柱上支承压力最大为 12.58 MPa,小于煤的长时强度 12.8 MPa。因此两隔离煤柱能保持长期稳定。

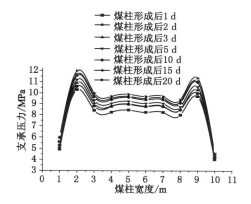

图 4-31　1 号隔离煤柱应力

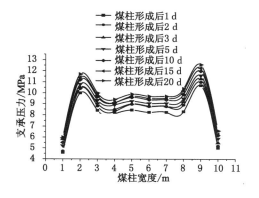

图 4-32　2 号隔离煤柱应力

(2)临时煤柱失稳后组合关键层的运动破坏分析

在煤柱和顶板完全稳定后,实验开始破坏两开采带间作为临时支承和充填的临时煤柱,破坏的方法是减小煤柱的尺寸,让煤柱发生蠕变逐渐失稳,在临时煤柱两边各减小 1 m 的过程中,煤柱上的应力不断增加,采空区上方组合关键层的移动速度增大,但潜水层的水位没有发生变化,如图 4-33 所示。当煤柱减小到 6 m 时,煤柱开始逐渐失稳破坏,模型中水、沙及上覆岩层都产生运动,并且在地表开始出现裂缝,如图 4-34 所示。

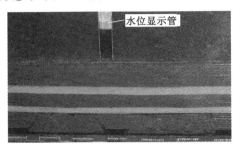

图 4-33　煤柱减小过程

图 4-34　临时煤柱失稳破坏

由图 4-34 可知,在第一、二开采带采空区覆岩垮落过程中,由于临时煤柱在宽度减小过程中应力增加幅度较大,煤柱各点应力都超过其长时强度,煤柱逐渐失稳。此时,基本顶岩层同步下沉并在采空区岩梁靠临时煤柱侧出现拉断裂隙。同时,由于岩梁两端支承的隔离煤柱保持稳定,岩梁在煤壁侧的运动受到限制,覆岩运动破坏的形式表现为一个缓慢回转运动的过程。因此,长壁间隔式推进留临时煤柱与长壁工作面连续推进时覆岩的运动破坏规律发生了本质的变化。其特点主要从以下几个方面分析:

① 覆岩及松散层的运动规律

由于模型全封闭,开采过程中岩层运动会受到一定的摩擦和约束影响,表面位移的测试误差较大,所以在模型内部组合关键层的下位硬岩层中布置了 7 个位移测点,同时在对应的基岩与松散层接触面上布置 7 个位移测点,对开采过程中岩层运动的位移进行测试。开采过程中,组合关键层的位移随工作面的推进变化规律如图 4-35 所示;基岩与松散层接触面上(简称基岩表面)的位移随工作面的推进变化规律如图 4-36 所示。

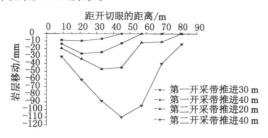

图 4-35　开采过程中组合关键层位移

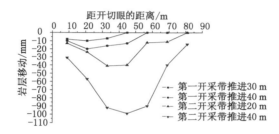

图 4-36　开采过程中基岩表面位移

对比两图可以看出,在工作面推进过程中,组合关键层及其上的岩层位移基本上是一致的,说明在开采过程中组合关键层及其上的岩层变形协调一致,破断前对其上岩层的运动起控制作用。

临时煤柱失稳破坏过程中的监测表明,当煤柱失稳时,煤柱所支承的组合关键层及其上的岩层也同步失稳破坏,采空区岩层垮落后组合关键层及其上覆盖层的位移如图 4-37 所示,图上表明此时组合关键层的下沉量为 530 mm、基岩表面的下沉量为 500 mm,相差仅为 30 mm。一方面说明两者运动协调一致,另一方面也说明组合关键层上岩层呈现整体运动,岩层的破碎和离层很小,在垮落后的充填作用很小。采空区压实后各测点的位移如图 4-38 所示,表明组合关键层及其上的岩层破坏后岩石的碎胀系数较小,其充填作用也很小,在采空区覆岩"三带"的过渡中起的作用也很小。

② 覆岩及松散层中的裂隙发育过程

在采空区上方岩层的破坏过程中,基岩的表面出现了拉裂隙,裂隙由上向下发展,上位岩层的裂隙贯通组合关键层之上 13 m 厚的岩层,裂隙宽 0.2 m。在16.3 m 厚的组合关键层中,第一层硬岩层和第二层硬岩层的破坏都是在采空区中部下位和开切眼及工作面侧上位受到拉破坏,拉裂隙宽相近,拉裂隙位置一

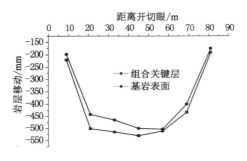

图 4-37　覆岩垮落后各测点位移

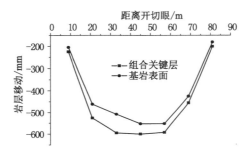

图 4-38　采空区压实后各测点位移

样,同样在这两硬岩层间的软弱岩层也几乎在同一位置同步破坏,裂隙贯通整个组合关键层。比较基岩表面,第一、二层硬岩层表面以及软弱夹层表面,岩层破断的位置基本在一条直线上,破断后形成了潜水渗流的通道,潜水水位逐渐下降,如图 4-39 所示。

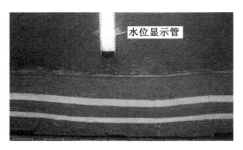

图 4-39　潜水水位下降

在地面厚松散层中的拉裂隙也是由上向下发展的,一道裂隙位于开切眼正前上方距开切眼的水平距离为 3 m 处,另一道裂隙位于工作面正前上方距离工作面 7 m 处。随着采空区上方岩层的不断下沉,拉裂隙的高度不断增加,但裂隙的发展始终没有贯通整个松散层。采空区岩层全部垮落后,测得开切眼上方地表裂隙高 17 m,最大裂隙宽 0.8 m,工作面上方地表裂隙高 14 m,最大裂隙宽 1.0 m。图 4-39 表明,在采空区覆岩垮落和压实过程中,松散层中的裂隙始终没有贯通,也就是说如果基岩上面是隔水黏土层,则采用此开采方法隔水黏土层不会被破坏。

③ 覆岩破断岩块的运动形式

由于采空区中部临时煤柱是逐渐失稳破坏的,组合关键层及其上覆盖层也同步缓慢下沉,采空区中岩层的拉裂隙位置向煤柱两边移动,如果没有煤柱的支承,按照组合关键层的极限破断距,则组合关键层的破断位置应该在临时煤柱内。因此,临时煤柱改变了组合关键层的破断位置和形式。从第一开采带开切眼到第二开采带工作面的距离为 90 m,如果工作面正常连续推进,工作面在推进 42～51 m 时组合关键层必然破断。根据组合关键层的破断距计算可知,破断岩块的最大长度在 20 m 左右,在其后的工作面推进过程中发生周期破断,如果按照周期来压步距为 10 m 计算,在 90 m 范围内应该有 6 个破断岩块存在。而在长壁间隔式推进留临时煤柱开采中只有 3 个岩块,岩块的平均长度几乎增加了一倍,按照采空区上覆破坏岩层进入裂隙带的判别条件分析,该开采方法大大增加了破坏岩层进入裂隙带的可能性。模拟实验表明,采空区覆岩破坏的确进入了裂隙带。

由模型的背面摄影图(图 4-40)能清楚地观察到组合关键层的破断形式和结构(图片方向和正面摄影一致),其破断后形成大长度铰接结构,组合关键层破断岩块从右边算起,第一块的长度为 23.8 m,破断岩块与开切眼煤壁形成很好的铰接结构,该处拉裂隙最大宽度为 0.1 m,裂隙下位闭合,岩块与煤壁之间无相对滑落位移。第二块的长度为 28.0 m,整个岩块的运动轨迹为垂直向下,运动过程中保持岩块呈现水平状态,与第一破断块形成很好的铰接结构。第三块的长度为 27.6 m,该块与第二块几乎是全断面接触,与工作面侧煤壁形成铰接结构。前面的实验和现场开采实际表明,4 m 采高工作面在连续推进过程中,组合关键层破断发生整体切落或者形成岩柱错动,不能形成铰接结构。而采用间隔式推进留临时煤柱开采时,组合关键层破断后进入了裂隙带,形成了铰接结构,也就是砌体梁结构,继续作为采空区覆岩的承载主体,由采空区测试的应力变化情况(图 4-41)可以看出,采空区中部应力大、两边小。

实验中对覆岩破坏后的"三带"进行了测量和素描,如图 4-42 所示,覆岩破坏后出现了明显的"三带",其垮落带高度为 10.5 m,裂隙带高度为 41.5 m,达到了基岩表面,弯曲下沉带在松散层中,松散层厚度为 35 m,其中地表裂隙高度

图 4-40　破断岩块背面摄影

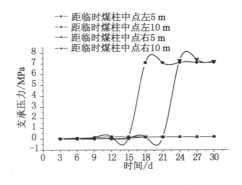

图 4-41　采空区应力变化

为 18 m,所以弯曲下沉带高度约为 17 m。很显然,如果基岩上存在软弱的隔水层,该隔水层处于弯曲下沉带内,则隔水层不会被破坏,如果基岩上是直接含水松散层,则潜水必然会渗漏。

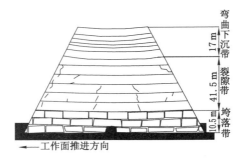

图 4-42　采空区覆岩"三带"分布

④ 隔离煤柱的受力分析

电脑监测显示,临时煤柱破坏前后隔离煤柱上应力发生了很大变化,分别如

图 4-43 和图 4-44 所示。1 号隔离煤柱在采空区覆岩垮落前的应力峰值为 11.98 MPa,垮落瞬间检测到应力突然增高,达到 14.68 MPa,而岩层垮落后应力峰值又降低到 9.7 MPa。同样 2 号隔离煤柱在垮落前、瞬间和垮后的应力峰值分别为 12.58 MPa、14.78 MPa 和 9.3 MPa。隔离煤柱在临时煤柱破坏的过程中应力的变化表明,煤柱失稳导致顶板垮落时产生一定的冲击载荷,在长壁间隔式推进保水开采中能保持长期稳定的煤柱在长壁间隔式推进留临时煤柱保水开采中可能遭到破坏,因为煤柱受冲击载荷时的瞬间应力很接近煤柱抗压强度,所以采用长壁间隔式推进留临时煤柱时隔离煤柱应该考虑冲击载荷。

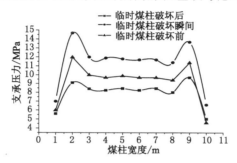

图 4-43 覆岩破坏时 1 号隔离煤柱应力

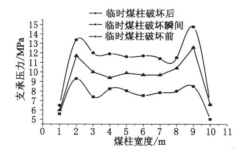

图 4-44 覆岩破坏时 2 号隔离煤柱应力

由前面分析可知,在厚松散层浅埋煤层中,组合关键层的运动破坏规律和主关键层一样,组合关键层下岩层逐层垮落而组合关键层整体垮落。由于组合关键层由多层岩层组成(一般大于 3 层),且组合关键层是由两层或两层以上的关键层组合而成,因此其关键层的层位要比主关键层的层位低,岩层运动破坏的表现形式要比主关键层剧烈得多。203 工作面的第二个流固耦合模拟实验中,组合关键层的层位距离煤层顶板 8 m,其层位高与采高之比 $k_c=3.2$,同时,由于临时煤柱破坏后的充填作用,层位高度与采高之比 k_c 大大增加。模拟表明,采用长壁间隔式推进留临时煤柱开采能改变组合关键层的运动和破坏形式,适合于有隔水黏土层时的保水开采。同时,采空区顶板垮落后,隔离煤柱上的载荷也相应减小了,保证了隔离煤柱的长期稳定性,从保水开采的角度来说更具有保水的可靠性。

4.5　河流下开采的流固耦合实验

4.5.1　实验工作面地质条件

砂基型的另一种地质条件就是水位高度比松散沙层厚度大,比如河流下开采就属于这种情况。上湾矿属于典型的砂基型地质条件,在井田东部有一条乌兰木伦河,由北向南流入窟野河最后进入黄河,井田南部有霍吉图沟及纵横井田中部的黑炭沟。煤层详细赋存条件、覆岩参数以及组合关键层的相关参数详细计算见第 8 章的实例分析,由分析可知在上覆岩层中形成了组合关键层,在整个覆盖层中基岩厚度为 50.51 m,组合关键层的层位距离煤层顶板 14.89 m,开采后留有顶煤 2.33 m,所以相当于组合关键层下岩层的厚度为 17.22 m。本实验设计了它的一个比较特殊的工作面(52102 工作面在河流下开采)的模型,模拟水头相对较高的情况下渗流对保水开采的影响。模型比例为 1∶100,河流底部为泥沙层,沙层下面为煤层上覆基岩,河底的泥沙被水饱和包围,河水透过泥沙直接接触基岩表面[101]。对应模型如图 4-45 所示。

图 4-45　实验模型全景

4.5.2　实验及结果分析

模型开采过程中直接顶随采随落,并且垮落高度逐渐向上发展。工作面的初次来压步距是 30 m,此时岩层垮落高度达 8 m,如图 4-46 所示。在工作面推进到 39 m 时发生第一个周期来压,岩层垮落高度达 11.0 m,在开切眼处的垮落角度约为 65°,在工作面处约为 70°,在采空区上方未充填裂隙高 2.1 m。在工作面推进到 48 m 时,垮落高度由 11.0 m 上升到 17.2 m,即垮落到组合关键层下。

此时实验中没有测出河水水位的变化,也没有测出未垮落基岩的移动。并且在第三个周期来压的开采过程中,覆岩离层也没有向上发展,来压时垮落高度也没有增加,仍然是 15.2 m,只是悬梁长度增加到 37 m,此时工作面推进了 58 m,如图 4-47 所示。

图 4-46 工作面初次来压

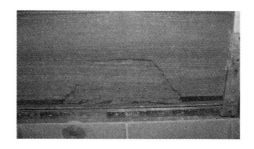

图 4-47 工作面第三个周期来压

在工作面第四个周期来压的推进过程中,煤壁的前方产生裂隙,裂隙逐渐向深部发展。工作面推进到 69 m 时发生剧烈来压,上位岩层整体垮落,在距离开切眼 17 m 处正上方出现一贯通基岩表面的裂隙,河水沿裂隙泻入采空区,水流痕迹清晰,如图 4-48 所示。同时在距离工作面煤壁 11 m 处正上方的基岩表面出现三条贯通裂隙,裂隙的宽度较开切眼一侧的大,河水涌入采空区的量也很大,工作面被水淹没,模型中的采空区也被水充填(在未充填满的空隙中都充满了水柱),如图 4-48 所示。

采空区上方地表沉陷,此处河水水位也相应地有所增加。为了模拟裂隙的发展与工作面推进距离的关系,实验模型继续向前推进,当推进到距离开切眼 82 m 时,在工作面煤壁前方又出现了贯通基岩表面的裂隙,河水沿裂隙流入工作面。由于裂隙下位闭合,水流量有所减小,如图 4-49 所示。

回采过程中预计日均渗流量如图 4-50 所示。由图可知,在工作面回采前

图 4-48　覆岩整体破坏

图 4-49　新的贯通裂隙出现

58 m 的过程中,工作面涌水量的总体趋势不断增加,但开采扰动对覆岩破坏尚不充分,组合关键层的破坏不严重,故潜水向下的渗流活动不太活跃,预计日均渗流量在 20 m³/d 以下。随着工作面回采的进行,组合关键层位移明显,不断形成导水裂隙带,渗流活动加剧,当工作面回采至 88 m 时,预计日均涌水量会达到一个相对的极值,而后涌水量会降低。随着采空区后方垮落矸石被不断压实,渗流量减弱并趋于稳定。

河流下开采渗流实验基岩厚在 50 m 左右,模型中水位高 4 cm,按照实际水的比重是相似材料要求流体比重的 1.56 倍,可以计算出实际水位高变为 6.24 m。同样基岩上沙层厚度应为 3.12 m,属于上覆基岩厚度在 20 m 以上的砂基型工程地质类型。初始时基岩的破坏只局限于组合关键层以下的岩层,由于开采空间的不断增大,组合岩梁最终达到其极限破断距而失稳破坏。

此实验表明:尽管煤层覆盖层中基岩的厚度与采高之比 k 已经达到了12.5,地面松散层的厚度也很小,并且组合关键层下基岩有明显的初次来压和周期来压,开采过程中随着采空区的逐渐压实导水裂隙逐渐闭合,导水裂隙下位闭合使

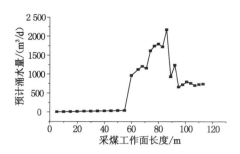

图 4-50 回采时预计日均渗流量

水流速度减缓。但组合关键层层位高与采高之比 $k_c = 4.3$，因此其组合关键层的破断必然导致裂隙带进入松散层，即河流的底板，河水会涌入采空区，工作面不能连续推进，只能采用长壁间隔式推进。

4.6 实验中长壁间隔式推进的合理距离

201 工作面模拟表明，其工作面可连续推进实现保水开采，2211 工作面由于其主关键层层位相对较低不能进入弯曲下沉带，可采用长壁间隔式推进。

1203 工作面的模拟实验表明，当基岩厚度小于 20 m 时，不管是长壁工作面连续推进还是采用长壁间隔式推进，上覆岩层都是整体全厚切落，潜水都会沿着切落裂隙渗流到采空区。在基岩厚度为 30 m 的实验中，组合关键层层位高与采高之比 $k_c = 3.25$，根据主关键层模拟的结果，只有当其层位距离煤层顶板的高度与采高满足 $k_c \geq 11$ 时，主关键层才可能进入弯曲下沉带，组合关键层是关键层的一种特殊形式，因此组合关键层也应该满足 $k_c \geq 11$ 时才进入弯曲下沉带。所以在基岩厚 30 m 的条件下可采用长壁间隔式推进。

203 工作面的第一个模拟实验和现场实测表明，在 4 m 采高时，工作面在下位岩层的第二个周期来压后发生涌水，模型中组合关键层的层位距离煤层顶板 8 m，其高度与采高之比 $k_c = 2.0$，可采用长壁间隔式推进。第二个实验也证实了第一个实验工作面的合理推进距离和煤柱的稳定性。

不同地质条件下保水开采实验的参数如表 4-8 所列，由表可以看出，在主关键层或组合关键层层位高与采高之比 $k_c < 11$ 时，长壁工作面连续推进，不能实现保水开采，可采用长壁间隔式推进。

表 4-8 不同地质条件下的流固耦合保水工作面参数

工作面名称	采高/m	基岩厚/m	主关键或组合关键层层位高/m	层位高与采高之比 k_c	潜水渗流时推进距离/m	工作面合理推进距离/m
201	4.5	68.0	49.0	10.9	连续推进	连续推进
2211	4.5	64.5	41.8	9.3	63	52~63
1203	4.0	20.0	6.0	1.5	24	房柱式开采
1203	4.0	30.0	13.0	7.5	41	32~41
203	4.0	39.0	8.0	2.0	51	42~51
203	2.5	39.0	8.0	3.2	90	42~51
52102	4.0	50.0	17.2	4.3	69	58~69

通过不同地质条件下保水开采的流固耦合模拟实验表明,影响浅埋煤层长壁间隔式推进保水的主要因素有四个,即主关键层或组合关键层层位、主关键层或组合关键层的极限破断距、煤层的开采高度和潜水的渗流特征。组合关键层的层位越高,由于垮落角的存在,保水推进距离越大;组合关键层的极限破断距越大,保水推进距离也越大;煤层的开采高度越小,层位高与采高之比 k_c 越大,主关键层或组合关键层越容易进入弯曲下沉带而达到隔水的目的;潜水渗流活动不明显时不影响岩层的稳定性,潜水渗流活动明显时会影响岩层的稳定性,在开采过程中表现为顶板的流固耦合损伤,减小主关键层或组合关键层的极限破断距。

4.7 小   结

(1)主关键层条件下岩层的运动破坏规律是下位逐层垮落而上位整体垮落,主关键层是否进入弯曲下沉带与其层位高和采高相关,当其层位距离煤层顶板的高度与采高满足 $k_c \geq 11$ 时,主关键层可能进入弯曲下沉带,即裂隙带在主关键层下发展高度与采高之比 $k \geq 12$ 时,裂隙才可能停止发展,否则其上的岩层将全部进入裂隙带。

(2)1203、203 和 52102 工作面模拟表明,组合关键层的运动破坏规律和主关键层一样,组合关键层下逐层垮落而主关键层整体垮落,组合关键层是由两层或两层以上的关键层组合而形成的,其层位要比主关键层的层位低,要进入弯曲下沉带的条件也是 $k_c \geq 11$,在浅埋煤层中组合关键层进入裂隙带和弯曲下沉带比主关键层更难,并且 $k < 5$ 时无法实现长壁间隔式推进。

(3)203 工作面第一个实验表明基岩在煤壁处不再出现贯通上覆基岩全厚

的切落,而是出现垮落带和岩柱错动带两带,岩柱错动带无隔水能力,工作面连续推进时不能实现保水采煤,可采用长壁间隔式推进实现保水;第二个模型实验证明 10 m 煤柱在 20 d 后支承压力最大为 12.58 MPa,小于煤柱的长时强度 12.8 MPa,能保持长期稳定。

(4) 203 工作面第二个实验中,组合关键层的层位与采高之比 $k_c = 3.2$,在临时煤柱临时支承和破坏后的充填作用,以及隔离煤柱对垮落空间的限制作用下,组合关键层的运动和破坏形式发生了改变,使松散层进入了弯曲下沉带,因此该方法适合于弯曲下沉带是隔水土层时的保水开采。

(5) 围岩渗流特征随工作面的推进而不断改变,开始主要以原生孔隙和裂隙渗流为主,当主关键层或组合关键层发生明显变形时,采空区上方岩层裂隙开始发育,围岩渗流逐渐转变为以位移裂隙渗流为主,当采空区覆岩破坏后,围岩渗流以导水裂隙为主,整个渗流过程中渗透压力影响岩体的稳定性。

(6) 影响浅埋煤层长壁间隔式推进保水的主要因素有四个,即主关键层或组合关键层层位、极限破断距、煤层采高和潜水渗流特征。主关键层或组合关键层层位越高、极限破断距越大,则保水推进距离也越大;煤层的开采高度越小,主关键层或组合关键层越容易进入弯曲下沉带。潜水渗流活动越明显,顶板的流固耦合损伤越严重。

5 采场覆岩破坏的流固耦合理论分析与数值模拟

　　潜水渗流场与岩体应力场耦合对工程岩体破坏有重要影响,由于岩体中存在裂隙或孔隙,工程开挖变形使岩体介质中存在水头差,会引起其中水体的渗流运动,渗流产生的动水压力和静水压力会使岩体介质的应力场发生改变;而应力场的改变产生的体应变使得岩体介质的孔隙率发生变化,进而引起渗流场的改变。因此,保水开采覆岩运动破坏是采场覆岩变形破坏和潜水渗流共同作用的结果,受围岩应力场与渗流场在采掘扰动下的耦合作用,单一考虑问题必然会导致结果的误差增大。

5.1 岩体介质中的渗流场

5.1.1 非稳定渗流的连续性方程

　　地下水运动的连续性方程,可以通过直角坐标系 x、y、z 内一个小的控制单元体的质量守恒定律来进行推导,控制单元体的模型如图 5-1 所示。假定控制单元体的尺寸为 δx、δy、δz,则单元体的体积为 $\delta x \delta y \delta z$,设岩体在 x、y、z 三个方向的渗透率分别为 v_x、v_y、v_z。通过左面流进的水体质量的速率即在单位时间内通过左面流入单元体的水的质量为 $m_x = v_x \rho \delta y \delta z$,通过右面流出的水体质量为

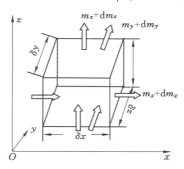

图 5-1 控制体的质量守

$m_x + \mathrm{d}m_x = (v_x\rho + \dfrac{\partial(v_x\rho)}{\partial x}\delta x)\delta y\delta z$。则左右面进出净流量的质量之差为：

$-\dfrac{\partial}{\partial x}(\rho v_x)\delta x\delta y\delta z$。同样，对于前后面和上下面也可以做流进流出的质量计算。

将三者的各自净流入量的质量累加，可得在单位时间内流入和流出单元体水量变化的总质量即 Δm 的表达式：

$$\Delta m = -\left[\frac{\partial(\rho v_x)}{\partial x} + \frac{\partial(\rho v_y)}{\partial y} + \frac{\partial(\rho v_z)}{\partial z}\right]\delta x\delta y\delta z \tag{5-1}$$

展开得：

$$-\left[\frac{\partial(\rho v_x)}{\partial x} + \frac{\partial(\rho v_y)}{\partial y} + \frac{\partial(\rho v_z)}{\partial z}\right]\delta x\delta y\delta z$$

$$= -\left[\rho\left(\frac{\partial v_x}{\partial x} + \frac{\partial v_y}{\partial y} + \frac{\partial v_z}{\partial z}\right) + \left(v_x\frac{\partial\rho}{\partial x} + v_y\frac{\partial\rho}{\partial y} + v_z\frac{\partial\rho}{\partial z}\right)\right]\delta x\delta y\delta z \tag{5-2}$$

上式右端第二项的值与第一项相比很小，因此第二项可以忽略不计，式(5-2)的右端可简化为：

$$-\rho\left[\frac{\partial v_x}{\partial x} + \frac{\partial v_y}{\partial y} + \frac{\partial v_z}{\partial z}\right]\delta x\delta y\delta z \tag{5-3}$$

按照质量原理，该量必等于 δt 期间此控制体内质量的变化，即 $[\partial(n\rho\Delta V/\partial t)\delta t]$，其中 $\Delta V = \delta x\delta y\delta z$，为一常数，是控制单元体的体积，设岩体介质的孔隙率为 n，则单元体内水体所占的体积为 $n\Delta V$，相应的水体质量 m 为 $\rho n\Delta V$，则 m 随时间的变化速率为：

$$\frac{\partial m}{\partial t} = \frac{\partial(n\rho\Delta V)}{\partial t} = \frac{\partial(n\rho\delta x\delta y\delta z)}{\partial t} \tag{5-4}$$

由于 $\Delta V = \delta x\delta y\delta z$ 为常数，所以上式可写为：

$$\frac{\partial m}{\partial t} = \frac{\partial(n\rho)}{\partial t}\delta x\delta y\delta z \tag{5-5}$$

由式(5-3)和式(5-5)可得：

$$-\rho\left[\frac{\partial v_x}{\partial x} + \frac{\partial v_y}{\partial y} + \frac{\partial v_z}{\partial z}\right]\delta x\delta y\delta z = \frac{\partial(n\rho)}{\partial t}\delta x\delta y\delta z \text{ 即：}$$

$$-\rho\left[\frac{\partial v_x}{\partial x} + \frac{\partial v_y}{\partial y} + \frac{\partial v_z}{\partial z}\right] = \frac{\partial(n\rho)}{\partial t} \tag{5-6}$$

式(5-6)为渗流场的连续方程，它满足渗流场在每一区域内的质量守恒。假设渗透向量的主方向和坐标系的坐标轴方向一致，则达西定律的表达式可以简化为：

$$v_x = -k_x\frac{\partial H}{\partial x}; v_y = -k_y\frac{\partial H}{\partial y}; v_z = -k_z\frac{\partial H}{\partial z} \tag{5-7}$$

其中：

$$H = \frac{u_w}{\rho g} + z \qquad (5\text{-}8)$$

式中　　H——水头；

$u_w/g\rho$——压力水头；

u_w——孔隙水压力；

z——位置坐标。

将式(5-7)代入式(5-6)可以得到：

$$\rho\left[\frac{\partial}{\partial x}(k_x\frac{\partial H}{\partial x}) + \frac{\partial}{\partial y}(k_y\frac{\partial H}{\partial y}) + \frac{\partial}{\partial z}(k_z\frac{\partial H}{\partial z})\right] = \frac{\partial(n\rho)}{\partial t} \qquad (5\text{-}9)$$

由岩体和地下水相互作用的物质定理(胡克定理)可知,式(5-9)的右端项可以分解为：

$$\frac{\partial(n\rho)}{\partial t} = n\frac{\partial \rho}{\partial t} + \rho\frac{\partial n}{\partial t} = \rho\gamma(n\alpha + \beta)\frac{\partial H}{\partial t} = \rho S\frac{\partial H}{\partial t} \qquad (5\text{-}10)$$

式中　　α——地下水的压缩系数；

β——岩体介质的压缩系数；

γ——水的容重；

S——贮水率。

把式(5-10)代入式(5-9)可得：

$$\frac{\partial}{\partial x}(k_x\frac{\partial H}{\partial x}) + \frac{\partial}{\partial y}(k_y\frac{\partial H}{\partial y}) + \frac{\partial}{\partial z}(k_z\frac{\partial H}{\partial z}) = S\frac{\partial H}{\partial t} \qquad (5\text{-}11)$$

对二维潜水含水层而言,式(5-11)可以简化为：

$$\frac{\partial}{\partial x}(k_x h\frac{\partial H}{\partial x}) + \frac{\partial}{\partial y}(k_y h\frac{\partial H}{\partial y}) = \mu\frac{\partial H}{\partial t} \qquad (5\text{-}12)$$

式中　　h——潜水含水层的厚度；

μ——潜水含水层的给度。

5.1.2　渗流方程求解的基本条件

非稳定流中求解的基本条件有：

(1) 给定水势或水头边界条件

由边界上的渗流势函数或水头分布已知,当 $\varphi = z + p/\gamma$ 时,这类边界条件又称为第一类边界条件或狄利克雷(Dirichlet)边界条件,其边界条件可以表示为：

水势边界条件：

$$\varphi = \varphi(x,y,z,t); (x,y,z) \in S_1 \qquad (5\text{-}13)$$

水头边界条件：

$$H = H(x,y,z,t); (x,y,z) \in S_1 \tag{5-14}$$

式中 S_1 ——区域内水势或水头已知的边界集合。

（2）给定流量边界条件

在边界上位势函数或水头的法向导数已知或可以用确定的函数表示,又被称为第二边界条件或诺伊曼(Neumann)边界条件,可表示为:

$$q = q_n H(x,y,z,t); (x,y,z,t) \in S_2 \tag{5-15}$$

式中 q ——边界流量;

q_n —— q 垂直边界的分量;

S_2 ——已知流量的边界集合。

（3）自由面边界条件

无压渗流时,自由面边界条件为:

$$H(x,y,z,) = Z(x,y); (x,y,z) \in S_3 \tag{5-16}$$

式中 S_3 ——自由面边界。

（4）初始条件

$$H(x,y,z,t_0) = H_0(x,y,z,t_0); (x,y,z) \in \Omega \tag{5-17}$$

式中 H_0 ——已知水头;

Ω ——空间渗流域。

根据式(5-12)求解渗流的边界条件以及初始条件可得考虑汇源项非稳定的二维渗流数学模型为:

$$\begin{cases} \dfrac{\partial}{\partial x}(k_x \dfrac{\partial H}{\partial x}) + \dfrac{\partial}{\partial y}(k_y \dfrac{\partial H}{\partial y}) - I = S\dfrac{\partial H}{\partial t} \\ H(x,y,t_0) = H_0(x,y); (x,y) \in \Omega, t = t_0 \\ H(x,y,t) = H_1(x,y,t); (x,y) \in S_1, t \geqslant t_0 \\ t\dfrac{\partial H}{\partial n} = q(x,y,t); (x,y) \in S_2, t \geqslant t_0 \end{cases} \tag{5-18}$$

式中 I ——地下水系统的汇源项;

S ——贮水率;

Ω ——空间渗流域;

S_1 ——水头边界;

S_2 ——流量边界。

根据变分原理,可得其离散方程为[108]:

$$[T]\{H\} + [S]\left\{\dfrac{\partial H}{\partial t}\right\} + \{M\} = 0 \tag{5-19}$$

式中 $[T]$ ——传导矩阵;

$[S]$ ——贮量矩阵;

$\{M\}$——列矢量。

5.1.3 渗流场对应力场的影响

渗流场对应力场的影响是通过渗流体积力分布的变化来实现的,由于渗流的动水压力和静水压力以渗流体积力的形式作用于岩体上,从而使岩体应力场发生变化,应力场的改变使岩体位移场随之变化。对于岩体这种等效连续介质来说,由水力学原理可知,渗流体积力与水力梯度成正比[109]。假设渗流体积力向量的主方向和坐标系的坐标轴方向一致,则有[110]:

$$\begin{Bmatrix} F_x \\ F_y \\ F_z \end{Bmatrix} = -\gamma \begin{Bmatrix} \dfrac{\partial H}{\partial x} \\[2mm] \dfrac{\partial H}{\partial y} \\[2mm] \dfrac{\partial H}{\partial z} \end{Bmatrix} \tag{5-20}$$

式中 γ——水的容重;

F_x, F_y, F_z——渗透体积力在 x、y、z 方向的分力。

利用有限元法进行计算时,将式(5-20)所表示的渗流产生的体积力转化为单元节点的外载荷进行计算。对于 n 节点的等参单元,单元的形函数 $[N]$ 和单元的水头值 $\{H\}^e$ 之间存在如下关系:

$$H = [N]\{H\}^e \tag{5-21}$$

其中: $[N] = [N_1 \quad N_2 \quad \cdots \quad N_n]$; $\{H\}^e = \begin{Bmatrix} H_1 \\ H_2 \\ \vdots \\ H_n \end{Bmatrix}$

则有:

$$\begin{cases} \dfrac{\partial H}{\partial x} = \begin{bmatrix} \dfrac{\partial N_1}{\partial x} & \dfrac{\partial N_2}{\partial x} & \cdots & \dfrac{\partial N_n}{\partial x} \end{bmatrix} \{H\}^e \\[4mm] \dfrac{\partial H}{\partial y} = \begin{bmatrix} \dfrac{\partial N_1}{\partial y} & \dfrac{\partial N_2}{\partial y} & \cdots & \dfrac{\partial N_n}{\partial y} \end{bmatrix} \{H\}^e \\[4mm] \dfrac{\partial H}{\partial z} = \begin{bmatrix} \dfrac{\partial N_1}{\partial z} & \dfrac{\partial N_2}{\partial z} & \cdots & \dfrac{\partial N_n}{\partial z} \end{bmatrix} \{H\}^e \end{cases} \tag{5-22}$$

所以渗透体积力在 x、y、z 方向的分力可表示为:

$$\begin{cases} F_x = -\gamma \begin{bmatrix} \dfrac{\partial N_1}{\partial x} & \dfrac{\partial N_2}{\partial x} & \cdots & \dfrac{\partial N_n}{\partial x} \end{bmatrix} \{H\}^e \\[4mm] F_y = -\gamma \begin{bmatrix} \dfrac{\partial N_1}{\partial y} & \dfrac{\partial N_2}{\partial y} & \cdots & \dfrac{\partial N_n}{\partial y} \end{bmatrix} \{H\}^e \\[4mm] F_z = -\gamma \begin{bmatrix} \dfrac{\partial N_1}{\partial z} & \dfrac{\partial N_2}{\partial z} & \cdots & \dfrac{\partial N_n}{\partial z} \end{bmatrix} \{H\}^e \end{cases} \tag{5-23}$$

设 t 时刻单元的水头值为 $\{H\}_t^e$，$(t+\Delta t)$ 时刻单元的水头值为 $\{H\}_{(t+\Delta t)}^e$，则可以得到从 t 到 $(t+\Delta t)$ 的 Δt 时间段内渗透体积力在 x、y、z 方向的变化为：

$$\begin{cases} \Delta F_x = -\gamma\left[\dfrac{\partial N_1}{\partial x} \quad \dfrac{\partial N_2}{\partial x} \quad \cdots \quad \dfrac{\partial N_n}{\partial x}\right](\{H\}_{(t+\Delta t)}^e - \{H\}_t^e) \\[2mm] \Delta F_y = -\gamma\left[\dfrac{\partial N_1}{\partial y} \quad \dfrac{\partial N_2}{\partial y} \quad \cdots \quad \dfrac{\partial N_n}{\partial y}\right](\{H\}_{(t+\Delta t)}^e - \{H\}_t^e) \\[2mm] \Delta F_z = -\gamma\left[\dfrac{\partial N_1}{\partial z} \quad \dfrac{\partial N_2}{\partial z} \quad \cdots \quad \dfrac{\partial N_n}{\partial z}\right](\{H\}_{(t+\Delta t)}^e - \{H\}_t^e) \end{cases} \quad (5\text{-}24)$$

将单元渗透体积力转化为单元的等效节点载荷可表示为：

$$\begin{cases} \{F_w\} = \displaystyle\int_{\Omega_e} [N]^{\mathrm{T}} \begin{Bmatrix} F_x \\ F_y \\ F_z \end{Bmatrix} \mathrm{d}x\mathrm{d}y\mathrm{d}z \\[4mm] \{\Delta F_w\} = \displaystyle\int_{\Omega_e} [N]^{\mathrm{T}} \begin{Bmatrix} \Delta F_x \\ \Delta F_y \\ \Delta F_z \end{Bmatrix} \mathrm{d}x\mathrm{d}y\mathrm{d}z \end{cases} \quad (5\text{-}25)$$

式中　　$\{F_w\}$——水渗流体积力引起的等效节点力；

　　　　$\{\Delta F_w\}$——水渗流体积力增量引起的等效节点力增量。

5.2　岩体介质中的应力场

5.2.1　岩体应力场的基本方程

（1）有效应力规律

当土中含有水时，水对土的强度和变形影响很大，因此在研究土骨架的变形特征时，就必须考虑水或其他流体应力（孔隙压力）的影响。早在 1923 年，太沙基（Terzaghi）在研究饱和土的固结、水与土壤相互作用的基础上，提出了著名的太沙基有效应力原理。作用于土体骨架上的有效应力等于所受外力产生的应力减去孔隙压力。有效应力用符号 σ'_{ij} 表示，其定义的数学表达式为：

$$\sigma'_{ij} = \sigma_{ij} - \delta_{ij}p \quad (5\text{-}26)$$

岩体的孔隙中充满流体时，也有类似于土体一样的情况，在 1960 年库克（Cook）提出了对于大多数岩石类材料适用的修正的有效应力原理，即：

$$\sigma'_{ij} = \sigma_{ij} - \alpha p \delta_{ij} \quad (5\text{-}27)$$

其中，$0 \leqslant \alpha \leqslant 1$ 为等效孔隙压系数，它取决于岩石的孔隙、裂隙发育程度；δ_{ij} 为克罗内克（Kroneker）符号，$\delta_{ij} = \begin{cases} 1 & i=j \\ 0 & i \neq j \end{cases}$。

（2）岩体的变形方程

岩体骨架的变形方程包括：

① 平衡方程

根据单元体的受力情况处于平衡状态,得出其应力平衡方程为：

$$\sigma_{ij,j} + f_i = 0 \tag{5-28}$$

式中　$\sigma_{ij,j}$——总有效应力；

　　　f_i——体积力。

根据有效应力原理,总应力可用有效应力表示为：$\sigma_{ij} = \sigma'_{ij} + \alpha p \delta_{ij}$,将其代入式(5-28)中可得到用有效应力表示的平衡方程,即：

$$\sigma'_{ij,j} + (\alpha p \delta_{ij})_{,j} + f_i = 0 \tag{5-29}$$

② 几何方程

几何方程是根据变形的连续性得出的,因为骨架所发生的变形很小,因此几何方程为：

$$\varepsilon_{ij} = \frac{1}{2}(u_{i,j} + u_{j,i}) \tag{5-30}$$

式中　ε_{ij}——应变；

　　　$u_{i,j}, u_{j,i}$——两个方向的位移。

③ 物理方程

在孔隙流体作用下,处于地下开挖工程的岩体变形已处于塑性状态,因此岩体的变形方程为：

$$\{\sigma\} = [D]\{\varepsilon\} \tag{5-31}$$

式中　$[D]$——弹性矩阵；

　　　$\{\varepsilon\}$——应变列阵。

（3）边界条件

① 位移边界条件：

$$\{\delta\} = \{\delta_0\} \tag{5-32}$$

② 应力边界条件：

$$\sigma_{ij} n_j = T_i \tag{5-33}$$

式中　n_j——边界外法线在三个方向的余弦。

5.2.2　应力场对渗流场的影响

岩体受有效应力的作用而发生变形,变形使岩体内部的孔隙、裂隙、裂纹等发生变化,新的孔隙、裂隙、裂纹发生、发展并破裂以至贯通,同时裂纹、孔隙的张开度以及闭合度也发生改变,岩体的渗透率发生变化,从而影响流体的渗流状况,最终引起岩体中地下水位的变化。

由式(5-2)和式(5-6)可得连续介质渗流的连续性方程的另一种表达式为:

$$-\left[\frac{\partial}{\partial x}(\rho v_x) + \frac{\partial}{\partial y}(\rho v_y) + \frac{\partial}{\partial z}(\rho v_z)\right]\Delta V = \frac{\partial}{\partial t}(\rho n \Delta V) \tag{5-34}$$

式中　ΔV——表征单元体的体积;

　　　ρ——流体的密度;

　　　v_x, v_y, v_z——流体在 x、y、z 方向的渗流速度分量;

　　　n——岩体的裂隙率。

将式(5-34)右端项进行分解可得:

$$\frac{\partial}{\partial t}(\rho n \Delta V) = \Delta V \rho \frac{\partial n}{\partial t} + n\rho \frac{\partial(\Delta V)}{\partial t} + n\Delta V \frac{\partial \rho}{\partial t} \tag{5-35}$$

设表征体单元 ΔV 中固体颗粒的体积为 ΔV_s,由于 $\Delta V_s = (1-n)\Delta V$,则 $\mathrm{d}(\Delta V_s) = (1-n)\mathrm{d}(\Delta V) + \Delta V \mathrm{d}(1-n)$;表征体单元的体应变为 $\mathrm{d}\varepsilon_v = -\mathrm{d}(\Delta V)/\Delta V$;固体颗粒的体应变为 $\mathrm{d}\varepsilon_s = -\mathrm{d}(\Delta V_s)/\Delta V_s$;从而可得:

$$\mathrm{d}n = (1-n)\left[\frac{\mathrm{d}(\Delta V)}{\Delta V} - \frac{\mathrm{d}(\Delta V_s)}{\Delta V_s}\right]$$

$$= -(1-n)\mathrm{d}\varepsilon_v + (1-n)\mathrm{d}\varepsilon_s \approx -(1-n)\mathrm{d}\varepsilon_v \tag{5-36}$$

假定 $\mathrm{d}(\Delta V_s) = 0$,由式(5-36)可推出:

$$\frac{\partial n}{\partial t} = -(1-n)\frac{\partial \varepsilon_v}{\partial t} \text{ 及 } \frac{\partial(\Delta V)}{\partial t} = -\Delta V \frac{\partial \varepsilon_v}{\partial t} \tag{5-37}$$

设表征体中地下水的渗透压强为 p,地下水的体积弹性模量为 E_w,表征体中地下水所占的体积为 ΔV_w,则有:

$$\mathrm{d}p = -E_w \frac{\mathrm{d}(\Delta V_w)}{\Delta V_w} \tag{5-38}$$

由质量守恒定律可得 $\rho\Delta V_w$ 为常数,则 $\mathrm{d}(\rho\Delta V_w) = 0$,从而得其全微分形式为:

$$\Delta V_w \mathrm{d}\rho + \rho \mathrm{d}(\Delta V_w) = 0 \tag{5-39}$$

从而可以推出:

$$\mathrm{d}\rho = -\rho \frac{\mathrm{d}(\Delta V_w)}{\Delta V_w} = \frac{\rho}{E_w}\mathrm{d}p \text{ 及 } \frac{\partial \rho}{\partial t} = \frac{\rho}{E_w}\frac{\partial p}{\partial t} \tag{5-40}$$

由式(5-37)和式(5-40)可得:

$$\frac{\partial}{\partial t}(n\rho\Delta V) = -\Delta V\rho(1-n)\frac{\partial \varepsilon_v}{\partial t} - n\rho\Delta V \frac{\partial \varepsilon_v}{\partial t} + \frac{n\rho\Delta V}{E_w}\frac{\partial p}{\partial t}$$

$$= \rho\Delta V\left(\frac{n}{E_w}\frac{\partial p}{\partial t} - \frac{\partial \varepsilon_v}{\partial t}\right) \tag{5-41}$$

设含水介质系统为一封闭系统,则式(5-41)的右端项为零,从而得:

$$\frac{n}{E_w}\frac{\partial p}{\partial t} = \frac{\partial \varepsilon_v}{\partial t} \ \text{及} \ \mathrm{d}\varepsilon_v = \frac{n}{E_w}\mathrm{d}p \tag{5-42}$$

由于岩体的体应变 ε_v 和地下水渗透压强成单值函数关系,对式(5-42)两边取定积分可得:

$$\varepsilon_v - \varepsilon_v^0 = \frac{n}{E_w}(p - p_0) \ \text{及} \ \Delta\varepsilon_v = \frac{n}{E_w}\Delta p = \frac{n\gamma}{E_w}\Delta H \tag{5-43}$$

对于一个离散单元有:

$$\frac{\mathrm{d}\varepsilon_v}{\mathrm{d}t} = \frac{\{R\}[B]\{\mathrm{d}\delta\}}{\mathrm{d}t} \tag{5-44}$$

式中　$[B]$——单元的应变矩阵;

　　　$\{\delta\}_e$——单元的位移向量;

　　　$\{R\}$——一向量,其中 $\{R\} = [1 \ \ 1 \ \ 1 \ \ 0 \ \ 0 \ \ 0]^{\mathrm{T}}$。

由式(5-44)可得:

$$\varepsilon_v = \{R\}[B]\{\delta\}_e \tag{5-45}$$

将式(5-45)代入式(5-43)用位移表示则可以写成:

$$\Delta\varepsilon_v = \{R\}[B]\{\Delta\delta\}_e = \frac{n\gamma}{E_w}\Delta H \tag{5-46}$$

式(5-46)说明了在没有外界补给条件下,岩体中地下水位的变化是由于岩体位移场的改变引起的,也就是应力场引起渗流场的改变。

应力场对渗流场影响的实质,是应力场改变了岩体介质中孔隙的分布状况,从而改变了岩体介质的渗透率。一般来说,岩体的孔隙率越大,其渗透系数也越大,渗透系数随孔隙率变化的经验公式为:

$$k = k'\left\{\frac{n(1-n_0)}{n_0(1-n)}\right\}^3 \tag{5-47}$$

式中　n_0, n——岩体初始的孔隙率和变形后的孔隙率;

　　　k', k——与孔隙率 n_0, n 相对应的渗透系数。

由于计算过程中不考虑岩体介质颗粒的压缩和水密度的变化,因此可以认为岩体介质的体积应变完全是由孔隙体积变化引起的,发生体积应变后单元体的孔隙率 n 为:

$$n = 1 - \frac{1-n_0}{1+\varepsilon_v} \tag{5-48}$$

在计算时,根据应力场或位移场的计算结果,按照式(5-48)计算新的孔隙率,以此对渗透系数进行调整,重新计算渗流场。同时,岩体体积的变化是由应力场引起的,所以其渗透系数也可表示为应力的函数,即:

$$k = k(\sigma_{ij}) \tag{5-49}$$

5.2.3 应力场的有限元方程

采矿工程中用有限元法分析应力场时大多按位移法进行求解,即将单元节点位移作为基本的未知量,将研究域用有限个单元进行离散,单元与单元之间通过节点相互连接,从而构成了由各个离散单元组成的整体结构。

根据单元几何方程 $\{\varepsilon\} = [B]\{\delta\}$,可得物理方程 $\{\sigma\} = [D]\{\varepsilon\}$,则可以建立用有效应力和节点载荷相等表示的静力平衡方程:

$$\{\sigma'_{ij}\} = \{F_w\} + \{\Delta F_w\} \tag{5-50}$$

考虑水渗流体积力引起的等效节点力以及水渗流体积力增量引起的等效节点力增量的平衡方程有:

$$\{F_w\} + \{\Delta F_w\} = [K] \cdot [\{\delta\} + \{\Delta\delta\}_e] \tag{5-51}$$

式中　　$[K]$——岩体整体刚度矩阵;

　　　　$\{\delta\}$——位移列阵。

5.3　岩体中渗流场与应力场的流固耦合模型

通过前面分析可知,由于渗流场产生的渗流体积力作用于岩体介质,会使岩体介质应力场和位移场发生变化,而应力场和位移场的改变又使得岩体介质的孔隙率发生变化,孔隙率的变化必然引起介质渗透系数的改变,从而改变了岩体介质的渗透力。因此,把岩体视为等效连续介质,岩体介质中渗流场与应力场的流固耦合方程即数学模型可表示为:

$$\begin{cases} [T]\{H\} + [S]\left\{\dfrac{\partial H}{\partial t}\right\} + \{M\} = 0 \\[2mm] \{R\}[B]\{\Delta\delta\}_e = \dfrac{n\gamma}{E_w}\Delta H \\[2mm] \{F_w\} + \{\Delta F_w\} = [K] \cdot [\{\delta\} + \{\Delta\delta\}_e] \end{cases} \tag{5-52}$$

式(5-52)中的 $[T]$、$[S]$、$\{M\}$ 分别为传导矩阵、贮量矩阵和汇源列矢量;$\{R\}$、$[B]$、$\{\delta\}_e$ 分别为一向量、单元的应变矩阵和单元的位移向量;n、γ、H 分别为岩体的裂隙率、水的容重、潜水的水头;$\{F_w\}$、$\{\Delta F_w\}$ 分别为水渗流体积力引起的等效节点力、水渗流体积力增量引起的等效节点力增量;$[K]$ 为岩体整体刚度矩阵。

5.4　采场覆岩中流固耦合的数值模拟

东北大学岩石破裂与失稳研究中心开发的 RFPA^{2D}-Flow 是一个以弹性力学为应力分析工具、以弹性损伤理论及修正的库仑(Coulomb)破坏准则为介质变形和破坏分析模块的分析系统[111-112]，可用于研究岩石材料从微观损伤到宏观破坏的全部过程。软件包括应力分析和破坏分析两个方面的功能，应力分析采用有限元法进行，破坏分析则是根据一定的破坏准则来检查材料中是否有单元破坏。当单元变形使应力达到一定强度值时作破坏处理，对破坏单元则采用刚度特性退化和刚度重建的办法进行处理[113-114]。

本书采用 RFPA^{2D}-Flow 系统对大柳塔煤矿 203 工作面的覆岩条件进行模拟，一方面研究覆岩具有代表性的岩石试件在流固耦合作用下的破裂过程及其导水性；另一方面进行开采过程模拟，分析采动覆岩破裂过程及导水裂隙的形成机理，探索浅埋煤层开采中流固耦合的影响规律。

5.4.1 岩石试件破坏的流固耦合模拟

（1）模拟模型设计

模拟采用二维平面应力薄板模型，模型尺寸为 $H \times W = 80 \text{ mm} \times 50 \text{ mm}$，划分为 160×50 个单元。加载方法为首先加一定的轴压、侧压和空孔压，采用位移控制方式加载，加载位移增量为 $\Delta S = 0.002 \text{ mm}$，相当于应变量为 2.5×10^{-5}。侧压 $p_2 = 2 \text{ MPa}$，试件上下的孔压分别为 $p_4 = 1.5 \text{ MPa}$、$p_3 = 2 \text{ MPa}$，岩石的均质度 $m = 1.5$，模型中单元的弹性模量、抗拉强度和渗透系数按照威布尔（Weibull）随机分布，试件详细力学参数如表 5-1 所列。

表 5-1　岩石试件力学参数

参数名称	数值	参数名称	数值
弹性模量 E_0/GPa	5	残余抗拉强度 f_{tr}/MPa	0.5
泊松比 μ	0.25	渗透系数 K_0/(m/d)	0.1
抗压强度 f_c/MPa	40	水压系数 α	0.5
抗拉强度 f_t/MPa	4	渗透系数增大倍率 ξ	100
残余抗压强度 f_{cr}/MPa	4	耦合系数 β	0.1

（2）模拟结果分析

① 覆岩试样破坏过程中的应力分析

模拟过程中应力的变化如图 5-2 所示，图中越亮的部分表示相对应力比较大。在初始加载阶段破坏点较少，分布零散、无序，没有形成贯通裂纹。由于受到围压和孔隙水压的作用，要达到同样的应变（0.002 mm），所需要的垂直应力较大。随着载荷的增大，破坏点不断增加，并产生变形局部化现象，裂纹开始在试件中部出现，首先向左下和右上扩展，以向右上扩展裂纹为主裂纹，裂纹分叉显现频繁，如图 5-2 中 Step30 所示。当加载到 Step40 时，试件破坏，岩石的最终破坏呈现高角度的剪切破坏,这与通常的实验结果一致。

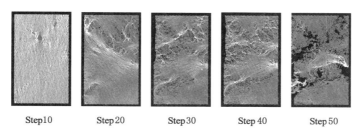

图 5-2　试件加载过程中应力变化

　　试样在流固耦合作用下的应力-应变曲线如图 5-3 所示,该模拟曲线和实测曲线相似,具有明显的线性阶段、非线性阶段,且有水压的应力-应变曲线在无水压时之上,这主要是由于水压力要抵消一部分围压和垂直压力,试件达到相同的压缩量需要更大的垂直压力,但峰值强度小于无水压的情况,其原因是孔隙水压减小了岩石的总应力,岩石更容易达到极限强度。

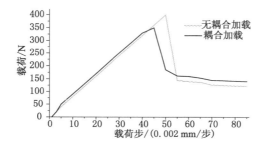

图 5-3　耦合作用下试件的应力-应变曲线

　　试件加载过程中的弹性模量变化如图 5-4 所示,由弹性模量图和应力图可以看出变形和破裂情况是一致的。到 Step30 时发生断裂成核,主要变形集中在成核区附近,这个区域实际上是最后发生断裂的位置。通过对比在没有水压作用下的模拟实验,有水作用下试样的抗压强度要比无水压力作用下小 12%,这个值要比实际影响的结果小,是因为没有考虑到材料单元在水的作用下的化学弱化,仅仅只考虑作用在单元上的水压力所致。

　　② 覆岩试样破坏过程中的渗流分析

　　由图 5-5 可知,模拟中水沿着贯通裂纹流动,当流体穿过试样时,具有低孔隙率的单元阻碍流体的流动,在破坏产生的宏观裂纹中流速比在微观裂纹中流速大。其渗透系数在弹性阶段逐渐减小,在非线性变形阶段开始缓慢增加,岩石

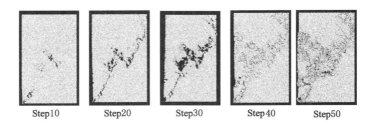

图 5-4　试件加载过程中的弹性模量变化

发生结构变化后,渗透系数显著增加并发生突跳。在软化阶段,由于围压的作用,形成的裂纹被压密,渗透系数有所减小,对应试件的渗透系数在突跳后的位置附近波动。

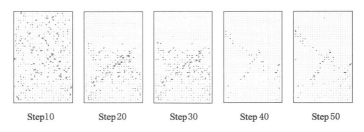

图 5-5　试件加载过程中的水流矢量变化

试件加载过程中水力梯度变化如图 5-6 所示,在载荷较小时,从试件下端到上端水力梯度呈线性分布,表明应力对试件渗透性影响较小。随着载荷增加,水力梯度非线性分布趋于明显,试件下端水力梯度增大,上端减小。当试件应力达到峰值强度(Step40)时,孔压集中的下端左侧出现贯通裂纹,上至试件右侧。由此可见,岩石材料在接近峰值时水压的扰动对破坏模式和失稳行为十分敏感,此时岩石的破坏非常不稳定,小的外界环境扰动就会导致截然不同的破坏形式。

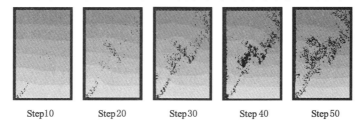

图 5-6　试件加载过程中水力梯度变化

5.4.2　覆岩破坏的流固耦合模拟

（1）模拟模型设计

覆岩破坏的模拟模型设计如图 5-7 所示,模型水平长 110 m,垂直高 88 m,其中底板厚 10 m,煤层厚 4 m,基岩厚 39 m,在 35 m 厚的松散砂层中,下部为 22 m 厚的含水层。整个模型划分为 $110 \times 88 = 9\,680$ 个网格,采用长壁式开采,采高为 4 m,开挖步距为 4 m。岩层部分参数如表 5-2 所列,其他参数参见 203 工作面覆岩参数。模型边界条件是垂直方向上自由移动,水平方向上采用固定端约束,水位假设两端定水头标高为 75 m,顶底面为隔水边界。同时,模拟设计了无潜水开采模型,通过对比分析流固耦合对岩层破坏的影响。

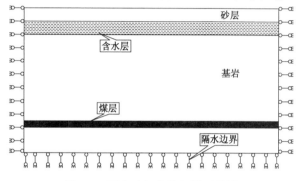

图 5-7　覆岩破坏的模拟模型设计

表 5-2　覆岩破坏的模拟模型参数

岩　　性	内聚力 C/kPa	压拉比 C/T	泊松比 μ	渗透系数/(m/d)	孔压力系数 α
松散砂层	4	16	0.30	1	0.5
粉砂岩	12	34	0.23	1	0.1
细砂岩	15	31	0.27	1	0.1
中砂岩	15	28	0.28	1	0.1
砂质泥岩	4	19	0.25	1	0.01
2^{-2} 煤层	12	15	0.25	1	0.1
底板	100	15	0.21	1	0.1
节理				1	0.1

（2）模拟结果分析

① 有潜水时的模拟

模型中随着工作面的推进,采空区围岩应力重新分布,工作面推进到 24 m

(Step6)时,直接顶所受的应力超过其破坏强度,直接顶岩层弯曲变形增加,已经被破坏,在开切眼后上方和前方支承煤壁处出现应力集中,如图 5-8 所示。当工作面推进到 52 m(Step13)时,整个上覆岩层被破坏,在开切眼后上方和工作面煤壁前上方出现贯通地表的裂隙,如图 5-9 所示。在工作面上方岩层中导水裂隙集中分布明显,水平离层裂隙也很发育。

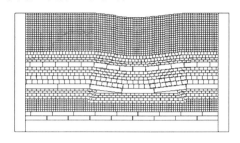

图 5-8　有水开挖 Step6 的应力示意图

图 5-9　有水开挖 Step13 的应力示意图

在计算到 Step13-1 时,覆盖岩层中的上位岩层没有发生明显改变,如图 5-10所示。但计算到 Step13-2 时,整个上覆岩层直至地表都发生了突变,如图 5-11所示,地表发生了明显的台阶下沉。由图 5-10 与图 5-9 对照可以看出,岩层变形和破断情况是一致的,这和流固耦合模拟实验中下位岩层逐步破坏而上位岩层整体破坏也是一致的。

随着上覆岩层的移动和破坏,岩层渗流特性不断改变,岩层的渗透系数在采空区上部岩层中间和下部岩层两端(开切眼侧和工作面侧)由于受压而逐渐减小,在采空区上部岩层两端和下部岩层中间由于受拉而逐渐增大。在 Step13-2之前这一过程的变化都是渐进的。当计算到 Step13-2 时,岩层的渗透系数显著增加并发生突跳,分别如图 5-12 和图 5-13 所示。随着上覆岩层的垮落,裂隙贯通了整个岩层,垮落后岩层渗透系数保持稳定。

图 5-10　有水开挖 Step13-1 的弹性模量图

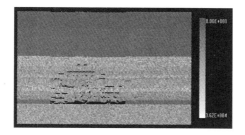

图 5-11　有水开挖 Step13-2 的弹性模量图

图 5-12　有水开挖 Step13-1 的渗透系数

图 5-13　有水开挖 Step13-2 的渗透系数

对应于岩层的渗透系数变化,在岩层垮落前潜水的渗流量没有发生大的改变,由 Step13-1(图 5-14)计算到 Step13-2(图 5-15)时,潜水的渗流量发生了突变,未垮落顶板岩层发生突变失稳,潜水沿导水裂隙迅速涌入采空区,水流矢量和贯通裂隙方向一致。同时,潜水水头也瞬间发生突变,降低到模型底部隔水边界,在补给的作用下逐渐恢复水位。这说明在基本顶岩层达到极限破断距时,岩层破坏对水压的扰动十分敏感,岩层在此时很不稳定,在渗流影响下很容易失稳。

图 5-14　有水开挖 Step13-1 的渗流量

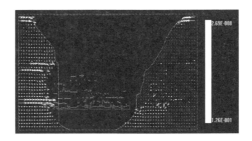

图 5-15　有水开挖 Step13-2 的渗流量

② 无潜水时的模拟

在没有潜水模型的前 44 m 开挖过程中,其应力、弹性模量和位移的变化趋势与有水开挖时相似。当工作面推进到 52 m(Step13-2)时,对应的应力和弹性模量分布分别如图 5-16 和图 5-17 所示。由弹性模量图和应力图可知,其变形和应力是一致的,但此时的变形和应力比有潜水开挖时的小,岩层的破坏和垮落也没有达到基岩表面。当工作面推进 58 m 时岩层发生全厚整体垮落,对比在没有水作用下的岩层破坏,有水开挖时上覆岩层的整体垮落步距减小了10.7%。同时,由图 5-18 和图 5-19 的位移可知,在推进同样距离(Step13-2)时,有水开挖的覆盖岩层的位移比无水开挖的覆盖岩层的位移大得多。

图 5-16   无水开挖 Step13-2 的应力示意图

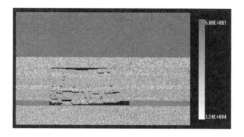

图 5-17   无水开挖 Step13-2 的弹性模量图

图 5-18   有水开挖 Step13-2 的位移

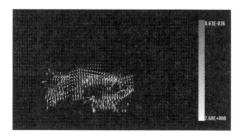

图 5-19   无水开挖 Step13-2 的位移

5.5　小　　结

（1）以质量守恒定律及达西定律为基础推导了非稳定流的连续性方程，探讨了求解渗流方程的基本条件和有限元求解方法，通过把作用于岩体上的渗流体积力转换为等效节点载荷，分析了渗流场对应力场及位移场的影响。

（2）以弹性力学和岩体水力学为依据推导了岩体介质应力场的基本方程及方程求解的边界条件，通过应力场的变化分析了岩体介质孔隙率与储水空间的变化关系，即岩体发生体积应变与水头变化之间的关系，也即应力场对渗流场的影响。

（3）在考虑渗流场和应力场相互作用的基础上，建立了岩体等效连续介质渗流场和应力场的耦合方程即数学模型，相互影响的定量关系为 $\{R\}[B]\{\Delta\delta\}_e = \dfrac{n\gamma}{E_w}\Delta H$，即渗流场和应力场的耦合是通过位移场和水头之间的变化来实现的。

（4）岩石试件的流固耦合模拟表明，孔隙水压力改变了有效应力场的分布，孔隙水压作用下岩石更容易达到极限强度，在有水作用下试件的抗压强度要比无水作用下小 12％。岩石渗透系数在弹性阶段减小，在非线性变形阶段增大，岩石发生结构变化后发生突跳。

（5）采场覆岩破坏的流固耦合模拟表明，基本顶岩层悬梁达到极限破断距时，岩层破坏对水压的扰动十分敏感，在渗流影响下很容易失稳。岩层破断时岩层的渗透系数、流量及潜水水头都将发生突变，进而影响岩层的稳定性。对比无水作用下，有水时上覆岩层的整体跨落步距减小了 10.7％。

6　浅埋煤层中的组合关键层理论及其保水开采应用

随着地下煤炭资源的开采,采场围岩必将产生移动、变形和破坏,并在不同阶段形成不同结构,关于这些结构的形成有很多假说和理论,其中具有代表性的有压力拱假说、悬臂梁假说、预成裂隙梁假说、铰接岩块假说、传递岩梁理论、砌体梁理论等[115-116]。针对坚硬岩层在岩层移动中的控制作用,钱鸣高院士提出了岩层移动与控制的关键层理论[117]。保水开采的实质也就是研究岩层的移动、变形以及采动裂隙的分布规律,提出合理的控制方案。本章主要以关键层理论为基础,进一步完善和发展组合关键层理论在浅埋煤层保水开采中的应用。

6.1　基本顶岩梁的力学模型及关键层理论

6.1.1　基本顶岩梁力学模型

长壁开采基本顶初次垮落前,一般将顶板简化为一固定梁受均布载荷的力学模型,可以求出岩梁内任意截面 $A-A$ 的弯矩为:

$$\boldsymbol{M}_X = \frac{q}{12}(6LX - 6X^2 - L^2) \tag{6-1}$$

则在岩梁两端的最大弯矩为:

$$\boldsymbol{M}_{\max} = -\frac{qL^2}{12} \tag{6-2}$$

在岩梁中部的弯矩为:

$$\boldsymbol{M} = \frac{qL^2}{24} \tag{6-3}$$

由于固定梁最大弯矩在梁的两端,则梁两端的最大拉应力为:

$$\boldsymbol{\sigma} = \frac{qL^2}{2h^2} \tag{6-4}$$

根据岩石的抗拉强度可求得其极限跨距为:

$$L = h\sqrt{\frac{2R_t}{q}} \tag{6-5}$$

式中　R_t——基本顶岩梁抗拉强度；

　　　h——基本顶岩梁厚度；

　　　q——基本顶岩梁载荷。

q 的大小取决于基本顶本身重量及其上岩层作用于基本顶的重量之和，即以上 n 层岩层对基本顶形成的载荷以下式计算：

$$q_1|_n = \frac{E_1 h_1^3 \sum\limits_{i=1}^{n} \rho_i g h_i}{\sum\limits_{i=1}^{n} E_i h_i^3} \tag{6-6}$$

其中，$E_i(i=1,2,\cdots,n)$ 为第 i 层岩层的弹性模量；$\rho_i g(i=1,2,\cdots,n)$ 为第 i 层岩层的容重；$h_i(i=1,2,\cdots,n)$ 为第 i 层岩层的层厚。

6.1.2　岩层控制的关键层理论[58]

（1）关键层的定义及判别条件

钱鸣高院士提出的关键层理论的基本观点可概括为：在采场覆岩中存在着多层硬岩层时，对岩体活动全部或局部起控制作用的硬岩层称为关键层。关键层判别的主要依据是其变形破断特征，即在关键层破断时，其上部全部岩层或局部岩层的下沉变形是相互协调一致的，前者称为岩层活动的主关键层，后者称为亚关键层，其判别方法如下：

按公式（6-6）从基本顶逐层自下而上计算，当满足下式时

$$q_1|_{n+1} < q_1|_n \tag{6-7}$$

则表明第($n+1$)层岩层对基本顶载荷 q 不再有影响，也即第($n+1$)层岩层承担了自身和其上的岩层重量，可视($n+1$)层岩层为煤层的另一层基本顶（第二层基本顶）。将 $q_1|_n$ 代入公式（6-5），即可求出第一层基本顶的极限跨距——基本顶初次来压步距 L_1。同理也可求出第二层基本顶的极限跨距 L_2。因此关键层的刚度判别条件和强度判别条件分别为：

$$q_1|_{n+1} < q_1|_n \tag{6-8}$$

$$L_1 < L_2 \tag{6-9}$$

公式（6-8）是关键层的刚度判别条件，公式（6-9）是关键层的强度判别条件。当满足公式（6-8）和公式（6-9）时，说明第二层基本顶($n+1$ 层)对第一层基本顶载荷 q 不再有影响，即第二层基本顶承担了自身和其上岩层的重量，上覆岩层只随第二层基本顶的运动而运动，随第二层基本顶的垮落而垮落。

（2）关键层的运动破坏特征

关键层的断裂将导致全部或部分上覆岩层产生整体运动，关键层的断裂步距即为上部岩体中部分或全部岩层的断裂步距，关键层将由其岩层厚度、强度及

载荷大小而定。在关键层变形破坏时,其上部全部或部分岩层同步协调变形和破坏,关键层在破断前可以简化为梁结构的形式,承担上部岩层的全部或部分重量,断裂后则可形成砌体梁结构,其结构的形态即是岩层移动的形态。

6.2　厚松散层覆盖浅埋煤层中的组合关键层

6.2.1　组合关键层定义及判别[20]

（1）组合关键层的定义

对于地面厚松散浅埋煤层,当覆岩中存在两层及以上基本顶硬岩层时,无论上部或下部的硬岩层都将对下部或上部的硬岩层的采动变形和破坏产生影响,这种影响主要体现在两硬岩层间的组合效应上。由于在煤层顶板基岩之上有厚度很大的松散层,在厚松散层载荷的作用下,使得第二层基本顶所形成的变形曲率可能大于第一层基本顶的变形曲率。当第二层基本顶变形曲率大于第一层基本顶变形曲率时,其上岩层的部分载荷仍然要由第一层基本顶来承担,也就是第一层和第二层基本顶与其相关的岩层形成了一个组合岩梁。组合岩梁将产生类似于复合板或复合梁结构效应,它们的承载能力不是各层岩层承载能力简单的线性叠加,而是远比线性叠加值大。两相邻硬岩层形成组合效应后,可能同步破断。如果单独分析岩层的移动和破坏规律,将产生很大误差。因此,我们把两相距较近的基本顶岩层及其相关的岩层形成的组合岩梁定义为组合关键层。

（2）组合关键层的判别

图 6-1 为一厚松散层浅埋煤层力学模型,设图中岩层 1 为第一层基本顶,岩层（$n+1$）为第二层基本顶,从第一层基本顶算起共有 m 层岩层,$m > n$,其上为松散层,各岩层的厚度为 $h_i(i=1,2,3,\cdots,m)$,容重为 $\rho_i g(i=1,2,3,\cdots,m)$,地面松散层载荷集度为 q,E_i 为第 i 层岩层的弹性模量$(i=1,2,3,\cdots,m)$。

根据承受载荷为 q,长度为 l 的固定梁任意截面得组合梁（$1 \sim n$）及组合梁 $[(n+1) \sim m]$ 弯矩分别为:

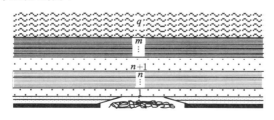

图 6-1　浅埋煤层力学计算模型

$$\begin{cases} M_\alpha = \dfrac{q_\alpha}{12(6lx - 6x^2 - l^2)} \\[3mm] M_\beta = \dfrac{q_\beta}{12(6lx - 6x^2 - l^2)} \end{cases} \tag{6-10}$$

其中，q_α、q_β 分别为组合梁$(1 \sim n)$及组合梁$[(n+1) \sim m]$所承担的载荷，其值为 $q_\alpha = \sum\limits_{i=1}^{n} \rho_i g h_i$，$q_\beta = \sum\limits_{i=n+1}^{m} \rho_i g h_i + q$；$M_\alpha$ 为 $1 \sim n$ 层岩层形成的组合梁的弯矩；M_β 为$(n+1) \sim m$ 层岩层形成的组合梁的弯矩。

由于 $1 \sim n$ 岩层形成组合岩梁，同步变形，各组成岩层的曲率相同，即：

$$\frac{M_1}{E_1 I_1} = \frac{M_2}{E_2 I_2} = \frac{M_3}{E_3 I_3} = \cdots \frac{M_i}{E_i I_i} \cdots = \frac{M_n}{E_n I_n} \tag{6-11}$$

式中　　M_i——第 i 层岩层的弯矩；

　　　　E_i——第 i 层岩层的弹性模量；

　　　　I_i——第 i 层岩层的惯性矩，$I_i = \dfrac{bh_i^3}{12}$。

而 $1 \sim n$ 层岩层形成组合岩梁的弯矩为：

$$M_\alpha = M_1 + M_2 + M_3 + \cdots + M_n = \sum_{i=1}^{n} M_i \tag{6-12}$$

由公式(6-11)和公式(6-12)可以计算得到：

$$M_1 = \frac{E_1 I_1 M_\alpha}{\sum\limits_{i=1}^{n} E_i I_i} \qquad M_{n+1} = \frac{E_{n+1} I_1 M_\beta}{\sum\limits_{i=n+1}^{m} E_i I_i} \tag{6-13}$$

第二层基本顶变形曲率大于第一层基本顶变形曲率，即：

$$\frac{M_1}{E_1 I_1} \leqslant \frac{M_{n+1}}{E_{n+1} I_{n+1}} \tag{6-14}$$

将公式(6-13)代入公式(6-14)可得：

$$\frac{M_\alpha}{\sum\limits_{i=1}^{n} E_i I_i} \leqslant \frac{M_\beta}{\sum\limits_{i=n+1}^{m} E_i I_i} \tag{6-15}$$

将组合岩层的相关参数代入公式(6-15)可得组合关键层的判别式：

$$\frac{\sum\limits_{i=1}^{n} \rho_i g h_i \cdot \sum\limits_{i=n+1}^{m} E_i h_i^3}{(\sum\limits_{i=n+1}^{m} \rho_i g h_i + q) \cdot \sum\limits_{i=1}^{n} E_i h_i^3} \leqslant 1 \tag{6-16}$$

当煤层覆岩和厚松散层满足公式(6-16)时，则表明第一层和第二层基本顶及其相关的岩层形成了组合岩梁，共同承担自重及其上的载荷，其运动呈现整体性变形和破坏(图 6-2),承载的组合岩梁包括第一层和第二层基本顶以及两基本顶间的软弱岩层。

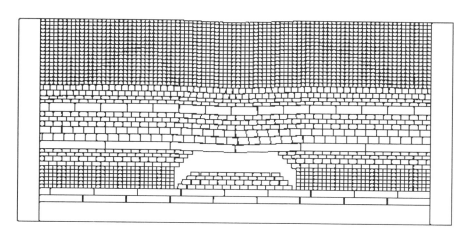

图 6-2 组合关键层的协调变形和破坏

6.2.2 组合关键层的形成机理

(1)地面松散层的厚度

地面厚松散层浅埋煤层中,如果有两层基本顶,且第二层基本顶之上地面松散层足够厚,公式(6-16)分母中的 q 就越大,该式就越容易满足,也就意味着第二层基本顶及其以上岩层和地面松散层自重载荷必然作用到第一层基本顶,使第一、第二层基本顶出现组合岩梁整体性变形和破坏,这就是厚松散层浅埋煤层开采时基本顶来压时常常出现全厚整体性破坏运动的根本原因。

在图 6-1 所示的浅埋煤层中,假设两层基本顶即第 1 层和第($n+1$)层的弹性模量相同,即 $E_1 = E_{n+1} = E$,第一层基本顶厚度为 $h_1 = h$,第二层基本顶厚度为 $h_{n+1} = 1.5h$。第一层基本顶上部到第二层基本顶岩层总厚度为 $h_2 = h$,这些岩层的分层厚度为第一层基本顶厚度的 $1/4$,弹性模量 $E_2 = 0.5E$,覆岩中各岩层的容重均为 ρg。第二层基本顶($n+1$ 层)之上全为松散层载荷层,地面松散层厚度为 h'',其平均容重为 $2/3\rho g$,把以上上覆岩层条件代入公式(6-16)得:

$$\frac{2 \times \rho g h \times E \times (1.5h)^3}{\left(1.5 \times \rho g h + \dfrac{2}{3}\rho g h''\right) \times \left[Eh^3 + \dfrac{1}{2}E \times \left(\dfrac{1}{4}h\right)^3 \times 4\right]} \leqslant 1 \qquad (6-17)$$

即:

$$h'' \geqslant 8h \qquad (6-18)$$

式(6-18)表明,当地面松散层厚度很大,即在上述覆岩条件下地面松散层厚度 $h'' \geq 8h$ 后,则所有上覆岩层都协调变形,当松散层厚度 $h'' < 8h$ 时,则会形成以第一层基本顶或第二层基本顶为关键层的结构,而不能形成组合关键层,主关键层还应由来压强度条件判别。因此,组合关键层的形成必须满足其地面松散层厚度条件,具体厚度关系依据岩层参数及组合形态而定。

(2)上覆岩层属性及空间配置

由于组合梁由第 1 层和第 $(n+1)$ 层硬岩层及其间的软弱岩层组成,其组合效应为:两层硬岩层中的软弱层越薄,则其组合后的抗弯截面模量就越小。反之,软弱层越厚,抗弯截面模量就越大[118]。如果假设第一层基本顶和第二层基本顶间软弱岩层总厚度 h_2 为可变量,取组合岩梁矩形断面为单位宽 1 m 进行计算,设横截面上的弯矩为 M,根据材料力学原理,最大弯曲应力 σ_{h_1} 为:

$$\sigma_{h_1} = \frac{6E_1 M (h_1 + h_2 + h_{n+1})}{E_1 \left[(h_1 + h_2 + h_{n+1})^3 - h_2^3 \right] + E_2 h_2^3} \tag{6-19}$$

将前面假设中的 h_1、h_{n+1}、E_1、E_2 分别代入上式可得:

$$\frac{\sigma_{h_1}}{M} = \frac{12(2.5h + h_2)}{2(2.5h + h_2)^3 - h_2^3} \tag{6-20}$$

由于弯矩 M 仅取决于梁的约束条件以及梁所受载荷,与 h_2 无关,因此,由公式(6-20)可得 σ_{h_1}/M 与 h_2 的关系为负指数关系。这里分别取 $h = 3$ m 和 $h = 2$ m 可得 σ_{h_1}/M 与 h_2 的关系,如图 6-3 所示,该图实际反映的是 σ_{h_1} 随 h_2 的变化规律。

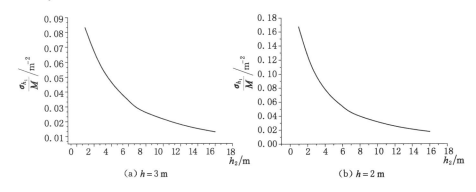

图 6-3 σ_{h_1}/M 与 h_2 的关系曲线

从图 6-3 可以看出,随着 h_2 的增加,σ_{h_1} 快速下降,这表明随着软弱夹层 h_2 的厚度增加,其组合梁效应会越来越弱。当 $h = 3$ m 时,基本顶硬岩层的总厚度为 7.5 m,此时 σ_{h_1}/M 在 $h_2 = 7.5$ m 处其组合效应变化率趋于平缓;当 $h = 2$ m 时,基本顶硬岩层的总厚度为 5 m,此时 σ_{h_1}/M 在 $h_2 = 5$ m 处其组合效应变化率趋于平缓,即软弱夹层总厚度与硬岩层的总厚度相等时组合效应变化率趋于平缓。

同样假设软弱夹层的厚度不变,分别取软弱夹层的厚度 $h_2 = 5$ m 和 $h_2 = 2$ m 进行讨论,其结果如表 6-1 所列。由表可以看出,随着两硬岩层的总厚度增加,其组合效应也明显降低。并且两硬岩层的总厚度越小,其组合梁效应受夹层厚度的影响越明显,当 $h = 3$ m 和 $h = 2$ m 时,两算例中硬岩层总厚度仅相差 2 m,但同样厚度软弱夹层的影响系数后者为前者的 2 倍。

表 6-1 σ_{h_1}/M 与 h 的关系

	h/m	2	3	4	5	6
$\dfrac{\sigma_{h_1}}{M}$	$h_2 = 5$ m	0.064 1	0.039 7	0.027 2	0.019 8	0.015 1
	$h_2 = 2$ m	0.123 8	0.066 8	0.041 8	0.028 6	0.020 8

由不同厚度软弱夹层及不同厚度硬岩层的组合效应分析表明,软弱夹层的总厚度等于基本顶硬岩层的总厚度时组合效应最佳,软弱夹层总厚度改变或两硬岩层总厚度改变,都会导致组合效应的减弱。因此,在计算组合关键层的破断距时应考虑其组合效应,这里引入组合效应系数 ψ 进行分析,其中 h_1 为第一层硬岩层厚度,h_3 为第二层硬岩层厚度。如果以软弱夹层的总厚度等于两硬岩层的总厚度时组合效应最大,即 $\psi = 1$,则组合关键层的组合效应系数可按照表 6-2 进行取值,$\psi = 0$ 时表示不形成组合关键层。

表 6-2 组合效应系数 ψ 的取值

h_2 与 $(h_1 + h_3)$ 的关系	ψ
$h_2 = h_1 + h_3$	1
$(h_1 + h_3) < h_2 < 2(h_1 + h_3)$ 或 $(h_1 + h_3) > h_2$	0.9~1
$2(h_1 + h_3) < h_2 < 8(h_1 + h_3)$ 或 $1/8(h_1 + h_3) < h_2 < 1/2(h_1 + h_3)$	0.6~0.9
$h_2 \ll h_1 + h_3$ 或 $h_2 \gg h_1 + h_3$	0

通过对组合关键层形成机理分析可以看出,浅埋煤层中是否形成组合关键层主要取决于覆岩之上地面松散层厚度,只有地面松散层厚度达到一定程度时,组合关键层才可能形成。同时,其组合效应受覆岩的属性和空间配置影响,软弱夹层的总厚度等于两硬岩层的总厚度时组合效应最佳,软弱夹层或两硬岩层的总厚度其中一个改变都会导致组合效应的减弱,减弱到一定值时就只能形成单一主关键层或亚关键层,具体还得根据关键层定义进行判别。

6.2.3 组合关键层相关参数计算

(1)组合关键层的弹性模量[20]

组合关键层最基本的结构由三层岩层组成,包括上下两层硬岩层和中间的软弱夹层,如图 6-4 所示,中间一层为较软弱的岩层,设其厚度和弹性模量分别为 h_{z_2} 和 E_{z_2},最下层和最上层为硬岩层,其厚度和弹性模量分别为 h_{z_1}、E_{z_1} 和 h_{z_3}、E_{z_3}。

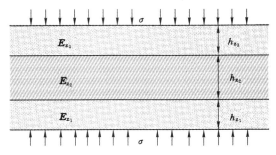

图 6-4　组合关键层结构

设组合关键层受单向压应力 σ 作用,其弹性模量为 E_z,则其变形量 Δh_z 为:

$$\Delta h_z = \Delta h_{z_1} + \Delta h_{z_2} + \Delta h_{z_3} \tag{6-21}$$

又因为 $\Delta h_z = \varepsilon_z h_z$,$\Delta h_{z_1} = \varepsilon_{z1} h_{z_1}$,$\Delta h_{z_2} = \varepsilon_{z2} h_{z_2}$,$\Delta h_{z_3} = \varepsilon_{z_3} h_{z_3}$,所以有:

$$\varepsilon_z h_z = \varepsilon_{z_1} h_{z_1} + \varepsilon_{z_2} h_{z_2} + \varepsilon_{z_3} h_{z_3} \tag{6-22}$$

而 $\varepsilon_z = \dfrac{\sigma}{E_z}$,$\varepsilon_{z_1} = \dfrac{\sigma}{E_{z_1}}$,$\varepsilon_{z_2} = \dfrac{\sigma}{E_{z_2}}$,$\varepsilon_{z_3} = \dfrac{\sigma}{E_{z_3}}$ 所以有:

$$\frac{\sigma h_z}{E_z} = \frac{\sigma h_{z_1}}{E_{z_1}} + \frac{\sigma h_{z_2}}{E_{z_2}} + \frac{\sigma h_{z_3}}{E_{z_3}} \tag{6-23}$$

式中,ε_z 和 ε_{z_1} 分别为组合关键层和第一层硬岩层的应变,代入可求得组合关键层弹性模量:

$$E_z = \frac{h_z E_{z_1} E_{z_2} E_{z_3}}{h_{z_1} E_{z_2} E_{z_3} + h_{z_2} E_{z_1} E_{z_3} + h_{z_3} E_{z_1} E_{z_2}} \tag{6-24}$$

同理,当组合关键层为 $1\sim(n+1)$ 岩层时,其组合弹性模量为:

$$E_z = \sum_{i=1}^{n+1} h_i \Big/ \sum_{i=1}^{n+1} \frac{h_i}{E_i} \tag{6-25}$$

(2) 组合关键层的载荷

根据公式(6-6),同理可知组合关键层上的载荷为:

$$q_z|_m = \frac{E_z h_z^3 \left(\sum\limits_{i=z}^{m} \rho_i g h_i + q\right)}{\sum\limits_{i=z}^{m} E_i h_i^3} \tag{6-26}$$

（3）组合关键层的极限跨距

由于固定组合岩梁最大弯矩在梁两端，因此组合梁两端的最大拉应力为：

$$\boldsymbol{\sigma} = \frac{\boldsymbol{M}}{W_z} = \frac{1}{12}qL^2 / \frac{h^2}{6} = \frac{qL^2}{2h^2} \qquad (6-27)$$

考虑组合效应影响后的组合关键层极限跨距为：

$$L'_z = \psi \cdot h_z \sqrt{\frac{2\sigma_t}{q_z}} \qquad (6-28)$$

式中　h_z——组合关键层厚度；

　　　σ_t——组合岩梁抗拉强度；

　　　q_z——组合关键层载荷；

　　　ψ——组合效应系数。

6.3　组合关键层的流固耦合损伤

6.3.1　开采过程中顶板流固耦合损伤特点

采场基本顶破坏的实质是不断开挖下的渐进破坏过程，岩石作为一种含有裂隙缺陷的材料，由于开挖导致的裂隙变化和水岩耦合作用，给顶板造成了损伤积累[119]。采场岩体随采空跨度的增加，地下开挖的空间随之增加，裂纹受采动影响和水的渗透压力改变形成局部应力集中，导致在岩石中原始微裂纹重新张开和扩展。一方面，顶板岩梁上部两侧的拉应力区向工作面侧发育，这是因为岩梁自开切眼侧逐渐向工作面煤壁延长，岩梁靠工作面的一侧经历一个反复受载累积损伤的过程。另一方面，顶板岩梁中部下侧的拉应力区向开切眼侧发育，基本顶中部也经历了一个反复受载累积损伤的过程。当岩梁长度接近极限跨距时，岩梁上部拉应力破坏区向下发展，岩梁下部拉应力破坏区向上发展，使岩梁有效厚度变小，在剪切作用下发生剪切破坏。

6.3.2　流固耦合对组合关键层极限跨距的影响

由于没有考虑开采过程中水岩耦合损伤效应，按照式（6-28）计算的结果比实际值大，只有考虑水岩耦合损伤效应，才能得到比较合理的解释，这里引入流固耦合损伤变量因子 φ，则式（6-28）应修正为：

$$L''_z = \psi \cdot h_z \sqrt{\frac{2\sigma_t(1-\varphi)}{q_z}} \qquad (6-29)$$

由于耦合损伤是采场多步开挖的积累，设每步开挖循环推进距离为单位长 $l_0 = 1\text{ m}$，（且有 $nl_0 \leqslant L_z$），由式（6-27）可得开挖至第 n 步时梁两端最大拉应力为：

$$\boldsymbol{\sigma}_{\max} = \frac{q_z n^2 l_0^2}{2h_z^2} = \frac{n^2 q_z}{2h_z^2} \tag{6-30}$$

由于组合关键层上部两侧和下部靠近开切眼侧梁中部受到多次开挖循环不断的拉应力作用,存在耦合场作用下的损伤积累,根据损伤力学原理,第 n 步循环的损伤增量 φ_n 与拉应力和耦合系数的乘积成正比[120],即:

$$\varphi_n = \eta\,\boldsymbol{\sigma}_{\max} = \frac{\eta n^2 q_z}{2h_z^2} \tag{6-31}$$

式中,η 为耦合状况相关的系数,其与潜水水头、岩性、岩体工程状况以及隔水条件有关。由此可计算每开挖一步的损伤为:

$$\varphi_1 = \frac{\eta 1^2 q_z}{2h_z^2},\varphi_2 = \frac{\eta 2^2 q_z}{2h_z^2},\varphi_3 = \frac{\eta 3^2 q_z}{2h_z^2},\cdots,\varphi_n = \frac{\eta n^2 q_z}{2h_z^2} \tag{6-32}$$

工作面推进 n 循环时的耦合损伤积累为:

$$\varphi = \varphi_1 + \varphi_2 + \cdots + \varphi_n \tag{6-33}$$

将式(6-32)代入式(6-33)可得:

$$\varphi = \frac{\eta n q_z (2n^2 + 3n + 1)}{12h_z^2} \tag{6-34}$$

将式(6-34)代入式(6-29)可得考虑损伤积累时组合关键层初次极限跨距的表达式:

$$L''_z = \psi \cdot h_z \sqrt{\frac{2\sigma_t\left[1 - \dfrac{\eta n q_z (2n^2 + 3n + 1)}{12h_z^2}\right]}{q_z}} \tag{6-35}$$

这里 n 表示达到极限跨距时的开挖循环数($0 < n < L$),取整数;φ 是与岩石的渗透性有关的耦合损伤变量因子($0 \leqslant \varphi < 1$),主要取决于流固耦合系数 η 和工作面的循环步数 n,当 $\varphi = 0$ 时表示工程岩体不受渗流场影响;在中低渗透性岩体中流固耦合系数 η 取 $(1\sim1.2)\times10^{-8}$,在砂基型富含潜水浅埋煤层的组合关键层中一般取 1.12×10^{-8}。

显然,考虑耦合损伤后,由式(6-35)计算组合关键层的极限跨距比由式(6-28)计算的极限跨距小。因此,组合关键层受到流固耦合损伤时应考虑水对岩体的耦合损伤效应。

6.4 采高对组合关键层稳定性的影响

6.4.1 采高对组合关键层破断距的影响

研究表明,采高越大,关键层的破断距越小,其极限破断距 L_m 与采高 M' 存在以下线性关系[121]:

$$L_m = l_m - k_1(M' - M'_0) \tag{6-36}$$

式中，l_m 为采高 $M'_0 = 2$ m 时的传统矿压理论估算值，k_1 为关键层极限破断距随采高增加的递减系数，一般取 $k_1 = 1.3$。

同样，采高对组合关键层的破断距也有很大影响，针对图 6-1 所示的浅埋煤层力学模型，以大柳塔煤矿某组合关键层工作面的覆岩参数为依据进行离散元分析。计算模型走向长 90 m、高 55 m，模型底部边界和左右边界固定，上部为自由边界。地应力由岩层自重确定，方向垂直向下，水平应力为侧压力系数乘以垂直应力。模型的单元划分根据各岩层的物理力学特性及厚度进行划分，硬岩层的网络单元划分近似其实际破断块长度，松散层划分密度较大，模型单元划分如图 6-5 所示。模拟开采方案分别以采高为 1 m、2 m、3 m、4 m、5 m 和 6 m 进行，研究中根据关键层岩块垮落前工作面推进距离来确定组合关键层破断距。

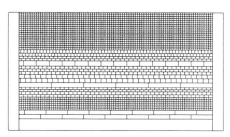

图 6-5　模型单元划分

模拟表明，当采高为 1 m 时，由图 6-6 可知，直接顶垮落碎胀后基本把采空区充填满，组合关键层破断后下沉量很小，也没有下沉台阶，采空区上覆岩层中裂隙闭合，地表下沉平缓。当采高为 2 m 时，由图 6-7 可以看出组合关键层破断后由于工作面没有连续推进，所以尽管地表下沉量约为 0.5 m，但仍没有明显的下沉台阶。随着工作面的连续推进，组合关键层破断岩块发生滑落失稳引起覆岩台阶下沉 0.6 m，如图 6-8 所示。当采高大于 3 m 时，由图 6-9～图 6-12 可知，

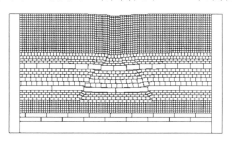

图 6-6　采高 1 m，工作面推进 33.1 m

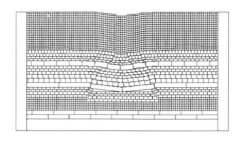

图 6-7　采高 2 m,工作面推进 31.3 m

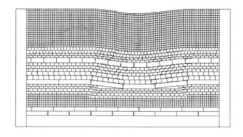

图 6-8　采高 2 m,工作面连续推进

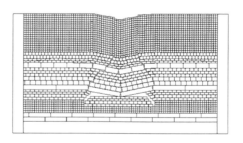

图 6-9　采高 3 m,工作面推进 30.4 m

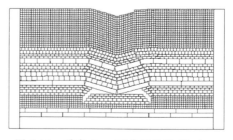

图 6-10　采高 4 m,工作面推进 29.4 m

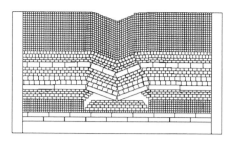

图 6-11 采高 5 m,工作面推进 28.5 m

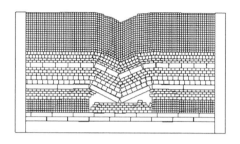

图 6-12 采高 6 m,工作面推进 27.6 m

尽管工作面没有连续推进,但地表下沉量和地表下沉台阶随采高的增加而剧增。同时,由计算表明,组合关键层破断距随工作面采高的增加而减小,破断距与采高的关系如表 6-3 所列。

表 6-3 组合关键层的 L_z 与 M' 的关系

M' /m	1	2	3	4	5	6
L_z /m	33.1	31.3	30.4	29.4	28.5	27.6

由表 6-3 可知,采高由 1 m 增加到 2 m 时,组合关键层破断距减小了1.8 m;采高由 2 m 增加到 3 m 时,组合关键层破断距减小了 0.9 m;当采高大于 2 m后,随着采高的增加,破断距以及破断距减小量与采高的关系分别如图 6-13 和图 6-14 所示。

通过不同采高开采的模拟计算表明,采空区上方组合关键层的破坏与采高 M' 有关,采高越大,顶板活动越剧烈,组合关键层的破断距就越小;采高越小,顶板活动越缓和,组合关键层的破断距就越大。表 6-3 和图 6-13 显示,采高在 1～2 m 范围内组合关键层的破断距受采高的影响最大,采高大于 2 m 后,组合关键层破断距基本呈线性关系减小。假设组合关键层破断距的折减系数 k_z 与采高

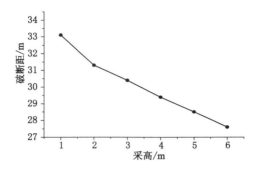

图 6-13　破断距与采高关系

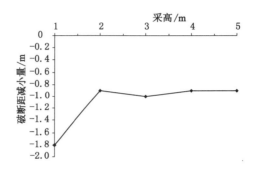

图 6-14　破断距减小量与采高关系

M' 呈线性反比关系,通过线性拟合,得出了组合关键层的极限破断距 L_z 与采高 M' 的线性拟合方程为:

$$L_z = l_z - k_z(M' - M'_0) \tag{6-37}$$

式中　　l_z ——采高 $M'_0 = 2$ m 时的组合关键层极限破断距,按照矿压传统方法计算;

　　　　k_z ——组合关键层极限破断距随采高增加的递减系数,取 $k_z = 0.92$。

公式(6-37)与公式(6-36)相比,采高对组合关键层破断距的影响比采高对单一关键层的影响小。因此,在考虑采高影响时,对公式(6-35)进一步修正为:

$$L'''_z = \psi \cdot h_z \sqrt{\dfrac{2\sigma_t\left[1 - \dfrac{\eta q_z(2n^2 + 3n + 1)}{12h_z^2}\right]}{q_z}} - k_z(M' - M'_0) \tag{6-38}$$

模拟计算中需要说明的是,模型中组合关键层破断块划分长度为 15 m,破断后长度相等,而破断块的实测长为 13.8 m,所以工作面推进只取计算值的 0.92 倍,组合关键层的破断距取破断岩块垮落前工作面的推进距离。

6.4.2 采高对导水裂隙发育的影响

浅埋煤层开采实践表明,覆岩中组合关键层破断后,必然造成覆岩全厚切落。离散元分析同时也表明,在工作面连续推进过程中,采高 1 m 时,覆岩没有台阶下沉,开采后地表出现弯曲下沉盆地,这说明了当采高很小时,由于开采引起的直接顶垮落破碎岩块充填作用,组合关键层结构没有发生切落失稳。采高为 2 m 时,组合关键层刚破断后在采空区前后煤壁上方基岩出现拉裂缝,但没有发生覆岩沿煤壁切落现象。当工作面继续推进过破断裂隙位置时,由于充填不够而发生了台阶下沉。采高大于 3.0 m 后,随着工作面的连续推进,顶板基岩都发生了全厚度切落,但采高不同,切落后贯通基岩的裂隙开裂程度不同,随着采高的增加,贯通裂隙的开裂程度增大,组合关键层台阶下沉量也增大。不同采高基岩裂隙发育情况如表 6-4 所列。

表 6-4　不同采高顶板基岩裂隙开裂情况

采高/m	1.0	2.0	3.0	4.0	5.0	6.0
基岩台阶下沉量/m	无	0.6	1.5	2.0	3.0	4.5
地表台阶下沉量/m	无	0.3	1.0	1.8	2.2	2.7
最大裂隙宽/mm	闭合	20	50	500	700	800
裂隙闭合状况	微裂隙贯通	裂隙贯通全部闭合	裂隙贯通基本闭合	裂隙贯通下位闭合	裂隙贯通无闭合	裂隙贯通无闭合

采高为 4.0 m 时,裂隙在顶板基岩上位张开、下位闭合,由于潜水下泻携带的泥砂会在裂隙闭合段淤积而形成过滤带,潜水会涌入工作面,但泥砂不能进入工作面。4.0 m 采高开采的实践也证明,工作面初次来压时涌水量很大,但工作面并没有发生溃砂灾害,这说明离散元模拟得出的结论和开采实践中裂隙的开裂情况一致。因此,采高越大基岩裂隙越难闭合。

6.5　采高及推进距离对隔水土层的影响

6.5.1　隔水土层的破坏机理

多年来水体下采煤的实践表明,由于隔水土层与岩层的力学参数不同,导致采动后土层内应力的分布和破坏类型不同,尤其是黏土层塑性大,采动后透水性小,被水浸润后软化,还可以再生隔水层。土层较岩层能承受更大的拉伸变形,如黏土在拉伸变形达到 6~8 mm/m 时才会产生裂缝,一般认为土层破坏时的水平变形值较出现裂缝时的变形值要低一些,在其水平拉伸变形值达到 1~

2 mm/m时就会产生破坏并导水。导水裂隙带包含在采动影响下发生弯曲、离层、断裂,但未脱离原生岩体的破坏区域,该区域内岩土层已断开或有微小的裂隙。由于隔水土层的运动破坏是和主关键层或组合关键层同步的,所以对于导水裂隙带的土层也可以用连续变形方法计算,即可以用固支梁力学模型来分析其水平拉伸变形,其挠曲方程为:

$$w = y = a_l\left(l + \cos\frac{2\pi x}{l}\right) + a_2\left(l + \cos\frac{6\pi x}{l}\right) + \cdots + a_n\left[1 + \cos\frac{(2n-1)2\pi x}{l}\right]$$

$$(6\text{-}39)$$

通过解算,可得其最大挠曲度为:

$$w_{max} = \frac{5ql^4}{384\boldsymbol{EI}} \tag{6-40}$$

式中 $\boldsymbol{E}$——弹性模量;

$\boldsymbol{I}$——惯性矩,$\boldsymbol{I} = \frac{lh^3}{12}$。

用通项公式可表示为:

$$w = \sum_{i=1}^{n} \frac{ql^4}{\left[(2n-1)2\pi\right]^3 (2n-1)\pi\boldsymbol{EI}}\left[1 + \cos\frac{(2n-1)2\pi x}{l}\right] \tag{6-41}$$

从而可得其曲率方程为:

$$\frac{1}{\rho} = \frac{\mathrm{d}\theta}{\mathrm{d}x} = -\sum_{i=1}^{n} \frac{6ql}{(2n-1)^2\pi^2\boldsymbol{E}h^3}\cos\frac{(2n-1)2\pi x}{l} \tag{6-42}$$

从而可得隔水土层变形后的水平拉伸变形为:

$$\varepsilon = -\sum_{i=1}^{n} \frac{6qly}{(2n-1)^2\pi^2\boldsymbol{E}h^3}\cos\frac{(2n-1)2\pi x}{l} \tag{6-43}$$

当 $\cos\dfrac{(2n-1)2\pi x}{l} = -1$、$n \to \infty$ 时,在 $y = h/2$ 的端面上水平拉伸变形的最大值为:

$$\varepsilon_{max} = \frac{3ql}{8\boldsymbol{E}h^2} \tag{6-44}$$

取土层的临界水平拉伸变形值为 1.0 mm/m,那么土层受力弯曲产生的最大水平拉伸变形值时的跨距为:

$$l_t = \frac{2\boldsymbol{E}h^2}{375q} \tag{6-45}$$

此时,如果隔水土层的弯曲受到限制,则该土层不会出现拉裂缝导水。

6.5.2 隔水土层保持完整隔水性能的判据

由式(6-40)和式(6-45)可知,隔水土层下的自由空间高度、隔水土层的抗拉应变能力也就是受拉时的极限跨距控制着导水裂隙的发育,是隔水土层破坏的主要影响因素。而隔水土层的运动破坏是和主关键层或组合关键层同步的,主关键层或组合关键层破坏时的跨距就是隔水土层的跨距。此时如果隔水土层的最大挠度大于其下自由空间高度,隔水土层会触矸弯曲下沉,隔水土层中导水裂隙不再向下发展。同时,隔水土层可能发生塑性破坏,其塑性破坏能否发展为破断,还要看下部自由空间的高度在满足保持塑性状态允许的沉降值(最大挠度)时,隔水土层所受的水平拉伸应变是否大于最大水平拉伸应变,如果水平拉伸应变大于最大水平拉伸应变,则导水裂隙由上向下发展。因此,在长壁间隔式推进保水开采过程中,隔水土层保持其完整隔水性能的判据有:

$$w_{max} > \Delta \tag{6-46}$$

$$l_p < l_b \tag{6-47}$$

式中　w_{max} ——隔水土层的最大弯曲下沉量,m;

　　　Δ ——隔水土层下自由空间高度,m;

　　　l_b ——隔水土层产生最大水平拉伸变形值时的跨距,m;

　　　l_p ——主关键层或组合关键层破坏时土层下基岩的跨距,m。

各岩层下的自由空间高度计算公式为:

$$\Delta_i = M' - \sum_{j=1}^{i-1} h_i(k_j - 1) \tag{6-48}$$

式中　Δ_i ——第 i 层岩层下的自由空间高度,m;

　　　M' ——煤层采高,m;

　　　h_j ——第 j 层岩层的厚度,m;

　　　k_j ——岩石的残余碎胀系数,其取决于岩石的性质,坚硬岩石的碎胀系数较大,一般硬岩的残余碎胀系数取 1.04,较软岩石的残余碎胀系数一般取 1.02。

要同时满足式(6-46)和式(6-47)的要求,只有限制煤层的开采高度,同时增加主关键层或组合关键层破坏时土层下基岩的跨距。而这一方法的实现就是采用长壁间隔式推进留临时煤柱开采,在前面的流固耦合模拟实验及后面的煤柱稳定实验分析中证明是可行的,下面以南梁煤矿 20109 工作面的地质条件进行理论计算,分析基岩面上 20 m 厚的隔水土层的破坏情况。

南梁煤矿 20109 工作面覆盖层厚 60~100 m,其中正常基岩厚 40~50 m,砂土层厚 20~63 m。岩层综合参数在现场实例分析中有详细叙述,由岩层综合参数表可得,隔水土层的弹性模量为 0.02×10^4 MPa,地表砂土层载荷为 0.72 MN/m²。各岩层的残余碎胀系数平均值取 1.02,基岩厚取 45 m。将参数代入式(6-48)可得隔水土层下自由空间高度 $\Delta = 1.1$ m,则满足式(6-46)时即有:

$$w_{max} = \frac{5ql_p^4}{384EI} > 1.1 \tag{6-49}$$

代入参数可以计算出 $l_p > 62.8$ m。当工作面开采方法设计为长壁间隔式推进留临时煤柱开采时,工作面推进长度为 50 m,临时煤柱为 6 m,则两隔离煤柱之间的距离为 106 m,岩层在工作面侧垮落角度平均取 65°,在开切眼侧平均取 65°,由此可计算出覆岩全部破坏时隔水土层的跨距 $l_p = 64.0$ m > 62.8 m,同时满足 $l_p < l_b$。因此,该开采方法和参数设计能同时满足隔水土层保持其完整隔水性能判据,实验中也进一步证明了结论的正确性。

6.5.3 采高对隔水层再生性能的影响

由前面分析可知,工作面连续推进过程中组合关键层破断岩块必然发生滑落失稳,出现台阶下沉。当初次破断岩块的回转和滑落下沉量受到限制时,岩块回转形成图 6-15 所示的铰接结构,而覆岩中铰接结构又影响岩块导水裂隙的导水性能,尤其是影响基岩上隔水土层的再生隔水性能。因此,根据现场实测组合关键层破断岩块参数进行了砂基型和砂土基型地质条件下的隔水层再生隔水性能模拟实验。实测岩块长 13.8 m、高 13.4 m,根据岩块所能回转的不同自由空间计算回转角、岩块端面接触高度及台阶下沉量,回转角计算公式见式(6-50)。这里的自由空间是指直接顶垮落充填后的自由空间。

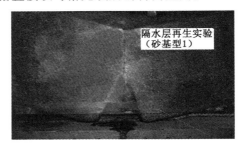

图 6-15 水砂同时溃流

$$\sin \alpha_1 = \frac{\Delta}{l} = \frac{M' - \sum h(K_z - 1)}{l} \qquad (6-50)$$

式中 K_z——组合关键层碎胀系数。

实验按照几何相似比 1:50 的比例以石蜡为胶凝剂制作模拟岩块,按回转角和接触面高度制作模型,两岩块在自重作用下形成与实际相符的铰接形态,安装就位后用密封材料进行密封。实验设计了自由空间高分别为 2 m、1.5 m、1.0 m、0.6 m 等四种高度的砂基型和砂土基型模拟实验,其中图 6-16 和图 6-17 分别为自由空间高为 2 m 和 1.5 m 的砂基型实验,图 6-18 为自由空间高为 1 m 的砂土基型实验,模型水位为 4.7 cm。砂基型实验中采用粒径为 0.02 mm 不含土的纯河砂,图 6-16 模型中砂厚 3.7 cm,潜水水位高 3.5 cm。在砂土基型模拟中,底部采用黏土掺砂子作为隔水层,使隔水性能和实际隔水层相似。

图 6-16 潜水沿裂隙渗流

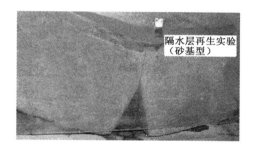

图 6-17 隔水层随岩层弯曲下沉

在自由空间高 2 m 的砂基型实验中水砂同时溃流而下,水沿端角接触面裂隙渗入工作面,潜水水位迅速下降直到潜水流完,最终在地表形成两个直径分别为 5 cm 和 3 cm 的溃砂漏斗(图 6-18)。在自由空间高等于和小于 1.5 m 的砂基型实验中只发生了潜水渗流。在自由空间高大于 1.5 m 的砂土基型实验中,尽管土层裂隙逐渐闭合了,但潜水大部分渗流到采空区。在自由空间高等于和小于 1.0 m 的砂土基型实验中,隔水层下沉时主要发生弯曲变形,产生的微裂隙在上覆砂土层自重下逐渐闭合,下沉过程中潜水渗流缓慢,并且渗水很快停止。

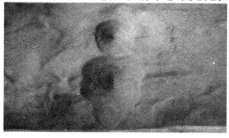

图 6-18 地面溃砂漏斗

潜水的渗流与自由空间高度的关系如表 6-5 所列。

表 6-5　自由空间对潜水渗流的影响

自由空间高/m		2.0	1.5	1.0	0.6
回转角/(°)		8.3	6.2	4.2	2.5
潜水渗流量/%	砂基型	100	100	100	100
	砂土基型	81	81	65	10
再生隔水性	砂基型	否	否	否	否
	砂土基型	否	否	否	具备

　　隔水层再生性能模拟实验表明,在厚松散层浅埋煤层中,砂基型条件下,在自由空间高小于 1.0 m 时,尽管岩块出现的台阶下沉量很小,但潜水还是全部沿导水裂隙流入了采空区。砂土基型条件下,在自由空间高小于 1.0 m 时,由于土层具有一定的塑性和水软化性,隔水层在挤压作用下导水裂隙很快闭合。这说明在自由空间较小时,岩块没有发生回转变形失稳的条件,而反向回转切落台阶又不大时,隔水土层破坏后具有再生性能。

　　通过采高对隔水层再生性能实验研究表明,在砂基型条件下,采高对隔水性能无影响,只要组合关键层破断就会导致潜水渗漏,只有通过保护组合关键层不被破坏而实现保水,采用的采煤方法为条带式开采、房柱式开采或长壁间隔式推进开采。在砂土基型条件下,自由空间高度影响隔水层的再生性能,通过限制采高而限制岩块回转空间和台阶下沉量,可以达到控制隔水层的破坏程度而实现其再生隔水性能,可采用的采煤方法为长壁间隔式推进留临时煤柱开采模式。

6.6　组合关键层实例分析

6.6.1　组合关键层的判别

　　以神府矿区大柳塔煤矿 1203 工作面为例,工作面开采煤层为 1^{-2} 煤层,煤层厚度平均为 6 m,煤层倾角平均为 3°,地质构造简单,埋藏深度为 50～60 m。基岩上部为 15～30 m 的厚松散层覆盖,风化基岩厚度约为 3 m,松散层下部有含水层,厚度为 6～9 m,潜水深度为 18～22 m,工作面长度为 150 m,采高为 4 m。工作面覆岩参数如表 6-6 所列。

表 6-6   1203 工作面覆岩参数

序号	岩 性	厚度/m	容重 /(MN/m³)	抗拉强度 /MPa	弹性模量 /10⁴ MPa	结 构
11	风积沙	27.0	0.016			载 荷
10	风化砂岩	3.5	0.023			
9	粉砂岩	2.0	0.023		1.80	
8	砂岩	2.4	0.025	3.03	4.34	组 合 关 键 层
7	砂岩互层	3.9	0.025	3.03	3.07	
6	砂质泥岩	2.9	0.024	1.53	1.80	
5	砂岩	2.0	0.024	3.83	4.00	
4	粉砂岩	2.2	0.024	3.83	4.00	
3	碳质泥岩	2.0	0.024	1.53	1.8	直接顶
2	砂质泥岩	2.6	0.024	1.53	1.8	
1	1^{-2}煤层	6.3	0.013			

根据工作面覆岩有关参数可知,第 4 层厚 2.2 m 的粉砂岩为第一层基本顶,其上第 5、6 层为其加载层;第 7 层厚 3.9 m 的砂岩互层为第二层基本顶,其上第 8 层直到地表为它的加载层。按照公式(6-6)依次向上计算可得:

$$q_4|_4 = 0.052\ 8\ \text{MN/m}^2;\quad q_4|_5 = 0.057\ 6\ \text{MN/m}^2;$$
$$q_4|_6 = 0.061\ 3\ \text{MN/m}^2;\quad q_4|_7 = 0.038\ 0\ \text{MN/m}^2;$$

因 $q_4|_7 < q_4|_6$,根据公式(6-8)刚度判别条件,第二层基本顶是厚 3.9 m 的 7 号砂岩。第一层基本顶载荷为 $q_4|_6 = 0.061\ 3\ \text{MN/m}^2$。

根据公式(6-6),同样可以依次向上计算出第二层基本顶载荷:

$$q_7|_7 = 0.097\ 5\ \text{MN/m}^2;\quad q_7|_8 = 0.118\ 5\ \text{MN/m}^2;$$
$$q_7|_9 = 0.144\ 5\ \text{MN/m}^2;\quad q_7|_{10} = 0.201\ 9\ \text{MN/m}^2;\quad q_7|_{11} = 0.508\ 3\ \text{MN/m}^2。$$

因此,第二层基本顶载荷为 $q_{n+1}|_{m+1} = q_7|_{11} = 0.508\ 3\ \text{MN/m}^2$。

显然,根据公式计算的结果和根据岩性参数进行判定的结果是一致的,在 1203 工作面覆岩中存在两层硬岩层。根据组合关键层的判别公式(6-16)进行计算,各项值计算结果如表 6-7 所列,把表 6-7 所列的相关值代入公式(6-16)得 q 值为 0.515。

计算结果表明,第一层基本顶(第 4 号岩层)和第二层基本顶(第 7 号岩层)协调变形,即 4 号岩层和 7 号岩层与其间的夹层形成组合关键层承担其上松散层和风积沙载荷。在巨大的松散层载荷作用下,由两层基本顶及相关岩层组成的组合岩梁协调变形,同步破坏,工作面顶板来压时必然表现为上覆岩层呈现自工作面到地表覆岩全厚度整体性切落,矿山压力显现剧烈。这也是 1203 工作面顶板初次来压出现部分支架被压死、煤壁出现高达 1 000 mm 台阶下沉量的原因。

表 6-7 组合关键层相关参数计算

层号	1~n 层		(n+1)~m 层		q /(MN/m²)
	$\sum \rho g h$ /(MN/m²)	$\sum E h^3$ /(m·MN)	$\sum \rho g h$ /(MN/m²)	$\sum E h^3$ /(m·MN)	
11					风积沙
10			0.716 0		0.512 5
9			0.203 5	256.505×10⁴	
8			0.157 5	242.105×10⁴	
7			0.097 5	182.109×10⁴	
6	0.170 4	118.492×10⁴			
5	0.100 8	74.592×10⁴			
4	0.052 8	42.592×10⁴			
3、2、1					直接顶

6.6.2 组合关键层的极限跨距

对大柳塔煤矿 1203 工作面,由前面公式(6-16)计算可知,其左边部分的值为 0.515,小于 1,表明第一层基本顶和第二层基本顶形成组合关键层。组合关键层由 4、5、6、7 层组成,总厚度为 13.4 m,由公式(6-24)求得组合关键层弹性模量为 2.99×10⁴ MPa。根据组合关键层弹性模量,由公式(6-26)计算得出组合关键层载荷为 0.88 MN/m²,根据公式(6-38)计算组合关键层初次极限跨距。

公式中 σ_t 取第 7 层岩层的抗拉强度,即 $\sigma_t = 3.03$ MPa;组合关键层中软弱夹层的总厚度与两硬岩层总厚度不等,组合效应系数 $\psi = 0.9$;组合关键层受流固耦合损伤的流固耦合影响系数 $\eta = 1.12×10^{-8}$,工作面开挖步数 $n = 27$;采高影响系数 $K_z = 0.92$,实际采高 $M' = 4$ m,$M'_0 = 2$ m。因此,在考虑组合效应、流固耦合损伤以及采高影响下的组合关键层初次极限跨距为:

$$L'''_z = 0.9 \times 13.4 \sqrt{\frac{2 \times 3.03 \times 10^6 \left[1 - \frac{1.12 \times 10^{-8} \times 27 \times 8.8 \times 10^5 (2 \times 27^2 + 3 \times 27 + 1)}{12 \times 13.4 \times 13.4}\right]}{8.8 \times 10^5}} - 0.92(4-2) = 26.6 \text{ (m)}$$

1203 工作面实测初次来压步距为 27.6 m,在考虑组合效应、流固耦合损伤以及采高影响下的组合关键层理论计算结果与实测结论基本一致。

6.7 长壁间隔式推进工作面的合理推进距离

根据组合关键层初次断裂后的力学模型,组合关键层破断时工作面的极限推进距离为:

$$L_{z,j} = \sum_{i=1}^{n} h_i \cot \varphi_q + L'''_z + \sum_{i=1}^{n} h_i \cot \varphi_h \tag{6-51}$$

式中 $L_{z,j}$ ——组合关键层破断时的工作面推进距离;

n ——煤层顶板至组合关键层下部的所有岩层层数;

h_i ——第 i 层岩层的厚度;

L'''_z ——组合关键层的极限跨距;

φ_q, φ_h ——岩层的前、后方断裂角,根据实验或现场实测确定。

从第 4 章分析可知,影响浅埋煤层长壁间隔式推进保水的主要因素有主关键层或组合关键层层位、极限破断距、采高和潜水的渗流特征。在一定采高条件下其工作面的合理推进距离只与其他三个因素有关,而渗流特征直接影响组合关键层的极限破断距。因此,与工作面推进距离直接相关的是组合关键层的层位高度和组合关键层的极限破断距,进而可以确定长壁间隔式推进保水工作面的合理推进距离的计算公式为:

$$L_j = \lambda L_{z,j} = \lambda (\sum_{i=1}^{n} h_i \cot \varphi_q + L'''_z + \sum_{i=1}^{n} h_i \cot \varphi_h) \tag{6-52}$$

其中,L_j 为长壁间隔式推进保水工作面的合理推进距离;λ 为安全系数,尽管组合关键层的极限破断距已经考虑了其组合效应、流固耦合损伤和采高等影响因素,应该说保水工作面的推进距离可达到其极限破断前的位置,但为了安全起见,在计算长壁间隔式推进保水工作面的合理推进距离时取安全系数 $\lambda = 0.9$,对于主关键层也采用相应的方法进行计算。

6.8 小 结

(1)分析了地面厚松散层浅埋煤层中组合关键层的形成机理,分析表明只有地面松散层达到一定厚度时,组合关键层才能形成。同时,其组合效应受覆岩的属性和空间配置影响,软弱夹层的总厚度与两硬岩层的总厚度相等时组合效应最佳,其中一个的总厚度改变都会导致组合效应减弱。当组合效应减弱到一定值时就只能形成单一主关键层或亚关键层。

（2）在地面松散层富含潜水浅埋煤层中，由于开挖导致的裂隙变化和水岩耦合作用，给组合关键层造成了耦合损伤积累，在考虑流固耦合损伤积累的基础上，提出了流固耦合损伤变量因子 φ，$\varphi = \dfrac{\eta n q_z (2n^2 + 3n + 1)}{12 h_z^2}$，$\varphi$ 与流固耦合影响系数 η 和工作面开挖距离（步数 n）有关。

（3）采用离散元分析采高对组合关键层破断距的影响，得出采高在 $1 \sim 2$ m 范围内组合关键层的破断距受采高的影响最大，采高大于 2 m 时，组合关键层的破断距随采高的增加而呈线性减小，但采高对组合关键层破断距影响比采高对单一关键层的影响小，并且采高越大导水裂隙张开越大。

（4）通过采高及推进距离对隔水土层的影响分析，提出了隔水土层保持完整隔水性能的判据，为砂土基型条件下长壁间隔式推进留临时煤柱保水开采提供了理论依据。同时隔水层再生性能实验也表明，在砂土基型条件下，自由空间高度影响隔水层的再生性能，只要限制岩块回转空间和台阶下沉量，就可以达到控制隔水层的破坏程度而实现其再生隔水性能的目的。

（5）大柳塔煤矿 1203 工作面的实例分析进一步证明了厚松散层浅埋煤层中组合关键层的存在，采用考虑组合效应、流固耦合损伤以及采高影响等因素进行修正后的组合关键层破断距公式来计算 1203 工作面的初次来压步距，计算结果与实测结论基本一致。

（6）在分析主关键层或组合关键层层位、极限跨距、耦合损伤及采高等长壁间隔式推进保水影响因素的基础上，提出了间隔式保水开采工作面的合理推进距离的计算公式。

7　隔离煤柱与临时煤柱的稳定性分析

针对榆神府矿区中小型煤矿的开采,作者所在课题组通过多年深入研究,提出了既不同于房柱式开采又不同于长壁连续推进开采的长壁间隔式推进开采方法。该开采方法在现场开采实际中取得了良好的开采效果和经济效益,本章主要对其开采方法进行介绍,并对煤柱稳定性进行研究分析。

7.1　煤柱的设计及稳定性判据

7.1.1　煤柱的设计

长壁间隔式推进开采实质是工作面长壁布置间隔式推进,即工作面每推进一定距离留设煤柱,搬家到新的开切眼再继续推进。因工作面不是连续推进,所以起名为"长壁间隔式推进",实际从空间讲是"间隔"开采。长壁间隔式推进不仅采出率比房柱式开采高出很多,达 60％以上,而且回采巷道布置、回采工艺、工作面装备及生产系统与长壁连续推进开采相同,具有长壁连续推进开采的各种优点。因此,针对中小型煤矿不同的地质条件设计不同的工作面推进距离和煤柱尺寸,进而达到控制覆盖层中隔水层不被破坏的目的,工作面的合理推进距离在流固耦合模拟实验和理论分析中已经进行了研究,这里主要研究煤柱的稳定性。长壁间隔式推进保水的煤柱留设有两种方案。

一种是对于隔水层不是黏土层的情况,即浅埋煤层中砂基型地质特征,在该条件下布置类似于条带开采的永久稳定的隔离煤柱,只要保证顶板和煤柱同时永久稳定,含水层不破坏就能达到保水开采。该开采方法在流固耦合相似模拟实验和开采实践中已经得到证实,比如上湾煤矿的 52102 工作面成功实现了河流下的保水开采。这种开采方法主要适用于主关键层或组合关键层的 $k_c \leqslant 11$ 的砂基型地质条件。

另外一种是对于煤层开采高度在 2.0 m 左右,并且隔水层是软弱土层的情况。由于隔水层本身塑性较大,只要保证隔水层破坏程度很小或者破坏后能及时闭合恢复其隔水性能也能达到保水开采目的。其开采方法是采用长壁间隔式推进留临时煤柱开采,由于煤层本身开采高度小,利用煤柱充填增加主关键层或组合关键层的层位与采高比,同时利用隔离煤柱限制顶板的破坏范围,从而改变组合关键层的运动和破坏形式,使软弱隔水层进入弯曲下沉带,进而达到保水开采的目的,这种开采方法主要适合于砂土基型或土基型地质条件。

根据现场实际煤柱实验得到煤柱压缩变形曲线如图 7-1 所示。变形曲线分为三段,第Ⅰ段煤柱的阻力随变形的增大而增加,第Ⅱ段煤柱的阻力随变形的增大而下降,第Ⅲ段煤柱的阻力随变形的增大开始趋于常数最终稳定于残余强度。根据煤柱压缩变形曲线特点,为了实现控制顶板的运动破坏形式,可将长壁间隔式推进留临时煤柱式开采的煤柱设计成两种,一种称为临时煤柱,另一种称为隔离煤柱。如图 7-2 所示的煤柱留设示意图,将工作面称为第 1 开采带、第 2 开采带……,临时煤柱分别为第 1 临时煤柱、第 2 临时煤柱……第 1 临时煤柱保证顶板在第 1、2 开采带开采时主关键层或组合关键层不发生初次破断,而发生在第 3 开采带之后某带的开采过程中。隔离煤柱承载能力始终大于顶板所施加的集中载荷,其作用是在第 1、2 开采带顶板垮落时保证垮落只限定在第 1、2 开采带内,使顶板垮落后能形成很好铰接结构而不至于滑落失稳。

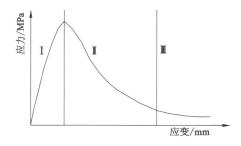

图 7-1　煤柱压缩变形曲线

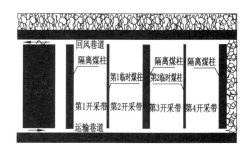

图 7-2　煤柱留设示意图

7.1.2 煤柱稳定性判据

（1）煤柱的极限强度[122]

煤柱极限强度是指煤柱长期在垂直载荷作用下能达到的峰值点极限应力，它不仅与实验室煤样的单轴抗压强度有关，还与煤岩材料的流变系数有关。由于屈服区煤体能对屈服区及其内侧煤体产生侧向应力，形成塑性约束，所以实际的煤柱峰值应力区是介于单向及三向受力状态之间的区域。工程中普遍采用欧文（Irwin）提出的塑性约束系数 $\delta = \sigma_{zl}/\sigma_c$。不同材料，其塑性约束系数不同，材料越坚硬，塑性区越小，其峰值应力状态就越接近于单向受力状态，δ 值就越小；反之，材料越软，δ 越大。一般情况，$1<\delta<2$。常用以下公式确定煤柱峰值应力的塑性系数：

$$\delta = 2.729\,(\eta\sigma_c)^{-0.271} \tag{7-1}$$

式中　σ_c——实验室煤样单轴抗压强度，MPa；

　　　η——煤的流变系数。

将 $\sigma_c = 20.4$ MPa，$\eta = 0.6$ 代入上式可得南梁煤矿煤柱极限强度 $\sigma_{zl} = 16.95$ MPa。

（2）煤柱长时强度[123]

煤柱的蠕变和岩石一样，分为稳定蠕变和不稳定蠕变。当应力水平低于煤柱的长时强度时，经过一定时间，应变就稳定下来，不再增加，称为稳定蠕变，稳定蠕变一般不会导致煤柱破坏；当应力水平大于煤柱的长时强度时，应变不断增加，直至破坏，称为不稳定蠕变。不稳定蠕变有三个阶段，即初始阶段、稳定阶段和不稳定阶段，如图 7-3 所示。根据实验测试表明，煤的长时强度为单向抗压强度的 $0.6 \sim 0.8$ 倍，为了实现煤柱会因蠕变而破坏，从而达到改变顶板破坏形式

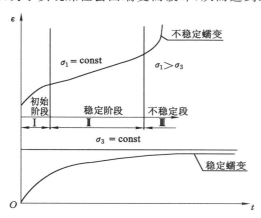

图 7-3　煤柱的稳定蠕变和不稳定蠕变

的目的,这里取煤的长时强度为单向抗压强度的 0.8 倍,南梁煤矿 2^{-2} 煤层单向抗压强度为 20.4 MPa,则长时强度为 16.3 MPa。

由于煤柱长时受载会因蠕变而破坏,会在顶板垮落瞬间因动载荷而失稳,可依此提出既考虑时间效应又考虑瞬间动载荷的稳定性判据。因此,煤柱稳定性判据有两个:一是用长时载荷的煤柱长时强度和极限强度的平均值 16.3 MPa;二是用于动载荷的煤柱单向抗压强度为 20.4 MPa。

7.2 煤柱稳定性的实验研究

以神府矿区南梁矿 20109 工作面地质条件为背景进行研究,矿井开采 2^{-2} 煤层,工作面覆盖层厚 60～100 m,其中正常基岩厚 40～45 m,风化层基岩厚 2～5 m,红土厚 0～23 m,黄土厚 20～40 m。工作面详细地质条件及关键层参数计算见第 8 章,计算结果表明在该煤层覆盖层中形成组合关键层。根据组合关键层的极限跨距,实验设计间隔工作面推进距离 50 m,选用 3 m 平面模型架,模型几何比例 1:100,实验模型包括 3 个隔离煤柱和 2 个临时煤柱。该矿首采工作面论证间隔开采宽度 8 m 的煤柱就能满足安全要求,因此临时煤柱按 7 m、6 m、5 m 和 4 m 四种方案进行模拟实验。类比上湾煤矿 52102 工作面的 15 m 隔离煤柱能保持长期稳定,考虑到临时煤柱破坏时顶板垮落造成的冲击载荷,实验设计隔离煤柱为 17 m,并通过煤柱尺寸减小时的应力分布来确定煤柱的尺寸。

7.2.1 临时煤柱的稳定性

实验模型如图 7-4 所示,整个实验过程历时 21 d,共开采 4 个开采带,临时煤柱最初为 7 m(原型值,以下同),最后减小至 4 m,隔离煤柱由 17 m 减小至 15 m。为尽可能实现与现场相似,模型首先在左侧边界开采 9.5 m 后,留设 17 m 隔离煤柱再开采第 1 开采带,当工作面推进至 50 m 后,留留 1 号 7 m 临时煤柱后开采第 2 开采带,并形成 1 号 7 m 临时煤柱,如图 7-5 所示。

1 号煤柱上的应力随第 2 开采带工作面推进逐渐增大,第 2 开采带工作面开采完之后 1 号煤柱上支承压力分布如图 7-6 所示。由图可知,7 m 临时煤柱上支承压力呈马鞍状,并且随观测时间增加而增大,在 105 h 后(原型值,以下同),煤柱中部支承压力明显增加,已与两侧峰值接近。煤柱支承压力最大为 12.3 MPa,小于煤的长时强度,第 3、4 开采带开采不会导致第 1、2 开采带顶板垮落。

对 7 m 临时煤柱监测 105 h 后,将其左侧采去 1 m 后形成 6 m 临时煤柱,其上支承压力分布如图 7-7 所示。各点应力值相应地有所增加,煤柱支承压力尚

图 7-4　模型开挖前

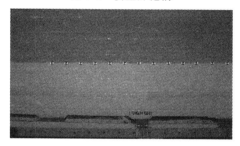

图 7-5　1 号临时煤柱形成

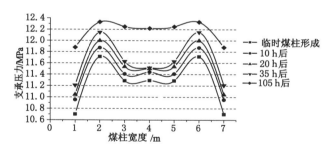

图 7-6　7 m 临时煤柱支承压力

小于煤的长时强度。对 6 m 临时煤柱监测 48 h 后,将其右侧采去 1 m 后形成 5 m 临时煤柱,其支承压力分布如图 7-8 所示。经过 153 h 监测,煤柱应力最后基本接近长时强度。

　　对 5 m 的 1 号临时煤柱监测一段时间后,留设 17 m 隔离煤柱,开采第 3、4 开采带并形成 2 号临时煤柱。在 2 号临时煤柱宽度从 7 m 减小到 5 m 的过程中,其上支承压力分布与 1 号临时煤柱基本相同,减小到 5 m 后再将 1 号临时煤柱左侧采去 1 m 形成 4 m 临时煤柱。1 号临时煤柱上支承压力分布如图 7-9 所示。此时煤柱应力增加幅度较大,煤柱上各点应力不仅都超过其长时强度,而且

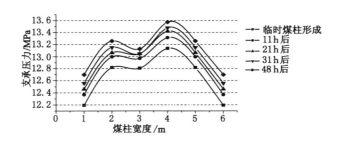

图 7-7   6 m临时煤柱支承压力

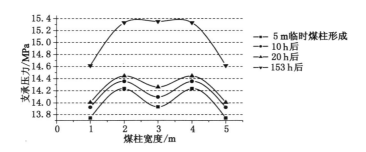

图 7-8   5 m临时煤柱支承压力

也超过其单向抗压强度,第1、2开采带顶板离层并出现断裂。第1、2开采带顶板垮落瞬间2号临时煤柱也已失稳,即实际上并不存在4 m临时煤柱的情况。顶板垮落过程中,2号临时煤柱应力先增大后减小,并且应力增大和下降幅度都远小于隔离煤柱,表明顶板垮落对2号临时煤柱应力有影响,但由于隔离煤柱的作用其影响比对隔离煤柱小得多。

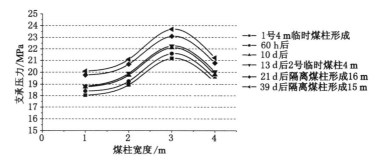

图 7-9   4 m临时煤柱支承压力

7.2.2　隔离煤柱的稳定性

第 4 开采带开采完成后,隔离煤柱两侧采空区对称分布,在各临时煤柱按设计逐步减小至 4 m 的过程中,隔离煤柱支承分布压力如图 7-10 所示。由图可以看出,临时煤柱为 7 m、6 m 和 5 m 时,隔离煤柱上的应力变化不大。当临时煤柱为 4 m 时,隔离煤柱上的应力明显增加,说明 4 m 临时煤柱因失稳部分载荷转移到隔离煤柱上,但隔离煤柱上应力远小于煤柱长时强度。17 m 煤柱从左侧采 1 m 后形成 16 m 隔离煤柱,煤柱上应力略有增加,但随时间增加变化很小,16 m 隔离煤柱应力也小于煤柱长时强度。16 m 煤柱从右侧采 1 m 后形成 15 m 隔离煤柱时,煤柱上支承压力分布如图 7-11 所示。由图可以看出,15 m 煤柱应力经过 215 h 后基本保持不变,煤柱两侧应力基本上为对称分布。当第 1、2 开采带顶板因 1 号临时煤柱失稳垮落后,隔离煤柱右侧应力有所增加,经过 80 d 后,煤柱上的应力又趋于稳定,15 m 隔离煤柱应力仍小于煤柱长时强度,能保持长期稳定。

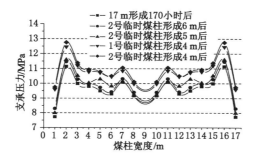

图 7-10　17 m 隔离煤柱支承压力

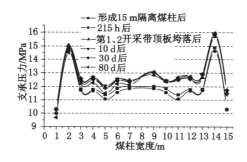

图 7-11　15 m 隔离煤柱支承压力

第 1、2 开采带顶板垮落(图 7-12)时,电脑自动监测到顶板垮落瞬间隔离煤柱的应力变化曲线如图 7-13 所示。由图可知,隔离煤柱应力明显增大,而且靠垮落一侧即煤柱左侧增量明显大于煤柱右侧,从第 32 s 开始、直到第 171 s 隔离煤柱上应力达到最大,左侧峰值达 17.38 MPa,右侧峰值达 16.35 MPa。之后隔离煤柱各点应力值迅速下降,到第 354 s 煤柱应力趋于稳定,左侧峰值下降到 15.06 MPa,右侧峰值下降到 15.7 MPa。在第 1、2 开采带顶板垮落过程中,应力这种先上升后下降的现象,表明顶板垮落会使隔离煤柱受到动压冲击,受冲击载荷时两侧峰值没有超过煤柱的单向抗压强度,说明 15 m 隔离煤柱既不会因蠕变而被破坏,也不会因冲击而失稳。

图 7-12　第 1、2 开采带顶板垮落

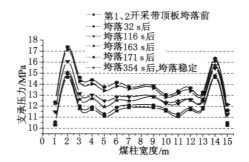

图 7-13　垮落瞬间隔离煤柱支承压力

7.2.3　区段煤柱的稳定性

这里所说的"区段煤柱"是指相邻工作面间的煤柱,为了评价现有 17 m 区段煤柱的合理性,选用 3 m 准立体模型架,模型架宽度 40 cm。由于覆岩实际处于三维应力状态,所以模型前后施加侧向约束,以达到与原型相似,模型几何比例 1∶200。模型在 20113 工作面推进方向模拟相邻开采带间的 10 m 煤柱,在 20113 工作面和 20111 工作面间模拟 17 m 区段煤柱。

模型设计如图 7-14 所示,模拟时首先开采形成 20113 工作面,前后各推进

35 m,中部留设 10 m 开采带间隔煤柱。然后留设 17 m 区段煤柱,开采形成 20111 工作面运输平巷和回风平巷,并向里开采 50 m 铺设工作面支架,给定支架阻力。逐步缩小 20113 工作面开采带间 10 m 煤柱尺寸,直至 20113 工作面顶板垮落,监测 20111 工作面支架阻力变化情况(图 7-15)。DZG-22 单体支架额定工作阻力 300 kN,初撑力 118~157 kN,实验时给定支架阻力 220 kN。

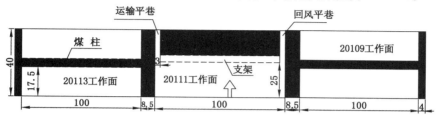

图 7-14　工作面和煤柱位置

图 7-15　20111 工作面顶板监测

20113 工作面顶板垮落瞬间 20111 工作面支护阻力变化如图 7-16 所示。由图可以看出,顶板垮落前,支架工作阻力为 217 kN,在垮落瞬间,最大工作阻力达到 246 kN 左右,顶板垮落后工作阻力迅速下降至正常状态。20113 采空区顶板垮落并未诱发 20111 工作面顶板垮落。可见 20113 采空区垮落对 20111 工作面有影响,使支架工作阻力增大 29 kN,但不会对正常开采造成大的影响,17 m

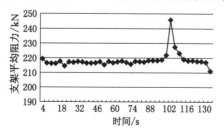

图 7-16　顶板垮落瞬间支架工作阻力

区段煤柱能起到较好的隔离作用。

7.3 煤柱稳定性的理论分析

7.3.1 煤柱稳定性的判别方法

煤柱稳定性判别方法主要有安全系数法和塑性区宽度法。安全系数法认为当煤柱所受载荷达到煤柱抗压强度时,煤柱将全部破坏,失去承载能力。因此要保持煤柱稳定必须使煤柱的强度具有一定的安全系数,即煤柱的抗压强度应大于其所受的载荷,判别准则为[124]:

$$F = \frac{\sigma_p}{S_p}$$ (7-2)

式中　　F——安全因子,一般当 $F \geqslant 1.5$ 时煤柱是安全的;

　　　　σ_p——煤柱抗压强度,实验测得煤的单轴抗压强度为 20.4 MPa;

　　　　S_p——煤柱载荷,MPa。

塑性区宽度法认为煤柱的破坏从煤柱的边缘开始,然后逐渐向煤柱内部发展,当破坏达到煤柱中心时,煤柱将完全发生破坏,所以设计时必须保证煤柱具有一定宽度的弹性核区。根据相关文献的现场实测及理论计算结果表明,稳定煤柱的核区率应为:

$$\rho' = \frac{W - 2r_p}{W} > 0.65$$ (7-3)

式中　　ρ'——煤柱核区率;

　　　　W——煤柱宽度,m;

　　　　γ_p——煤柱屈服区宽度,m。

7.3.2 煤柱屈服区宽度理论[124]

（1）库仑准则煤柱屈服区宽度计算

煤层开采后其原始应力遭到破坏,煤柱应力重新分布。根据库仑准则与威尔逊理论,稳定煤柱应有核区和屈服区,核区是弹性体,屈服区是塑性体。煤柱在稳定状态下屈服区不但要满足应力平衡方程,还必须满足强度准则。根据库仑准则推导的煤柱屈服区宽度计算公式如下:

$$r_p = \frac{T_1 d}{2\tan\varphi}\left\{\ln\left[\frac{C + \sigma_{zi}\tan\varphi}{C + \frac{P_x}{\beta}\tan\varphi}\right]^\beta + \tan^2\varphi\right\}$$ (7-4)

式中　　r_p——煤柱屈服区宽度,m;

　　　　T_1——煤柱高度,m;

　　　　d——开采扰动因子,$d = 1.5\sim3.0$;

β——屈服区与核区界面处的侧压系数，一般等于煤体泊松比，$\mu =$ 0.18；

C——煤层与顶底板接触面的内聚力，一般为 0.1～20 MPa；

φ——煤层与顶底板接触面的摩擦角，一般为 1°～35°；

σ_{zl}——煤柱极限强度，MPa；

P_x——煤壁的侧向约束力，MPa。

对于间隔开采采空区煤柱，因煤柱侧向约束力 $P_x =0$，则上式可以简化为：

$$r_p = \frac{T_1 d}{2\tan\varphi}\left[\ln\left(1+\frac{\sigma_{zl}}{C}\tan\varphi\right)^{\beta}+\tan^2\varphi\right] \tag{7-5}$$

南梁矿相关参数为：煤柱高度 $T =2.0$ m，开采扰动因子 $d =2.0$，屈服区与核区界面处的侧压系数 $\beta =0.18$，煤层与顶底板接触面的内聚力 $C =3$ MPa，煤层与顶底板接触面的摩擦角 $\varphi =30°$，煤柱极限强度 $\sigma_{zl} =16.9$ MPa。则 $r_p = 2.05$ m，无核区煤柱的最小宽度 $W_0 = 2r_p =4.1$ m，煤柱稳定屈服区宽度满足式(7-3)，即 $\rho' = \dfrac{W-2r_p}{W} \geqslant 0.65$，可得 $W \geqslant 11.7$ m。

因此，隔离煤柱至少留设 11.7 m，临时煤柱至少为 4.1 m。当留设 15 m 隔离煤柱时，隔离煤柱核区率 $\rho' =72.6\%$，15 m 隔离煤柱能保持长期稳定。

（2）极限平衡状态屈服区宽度计算

假设采空区周围煤柱处于弹性变形状态，煤柱的垂直应力的分布如图 7-17 所示。垂直应力随着与采空区边缘之间距离 x 的增大，按照负指数曲线关系衰减。在高应力作用下，从煤体边缘到深部，都会出现破坏区（靠采空区侧应力低于原岩应力的部分）、塑性区、弹性区和原岩应力区。

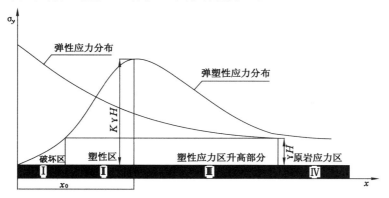

图 7-17　煤柱的弹塑性变形区以及垂直应力分布

煤柱的承载能力随着远离煤柱边缘而增加，在距离煤柱边缘一定宽度内，存在着煤柱的承载能力与支承压力处于极限平衡状态,运用岩体的极限平衡理论,塑性区的宽度,即支承压力的峰值与煤柱边缘之间的距离 x_0 为:

$$x_0 = \frac{M}{2\xi f}\ln\frac{K\gamma H + C\cot\varphi}{\xi(P_1 + C\cot\varphi)} \tag{7-6}$$

式中　K ——应力集中系数;

　　　P_1 ——支架对煤帮的阻力,MPa;

　　　M ——煤层开采厚度,m;

　　　γ ——岩石容重,kN/m^3;

　　　C ——煤体的内聚力,MPa;

　　　φ ——煤体的内摩擦角,(°);

　　　f ——煤层与顶底板接触面的摩擦系数;

　　　ξ ——三轴应力系数,$\xi = \dfrac{1 + \sin\varphi}{1 - \sin\varphi}$。

取 $P_1 = 0$,$f = 0.4$,$K = 2$,其余参数按实际地质资料选取,求得 $x_0 = 2.68$ m,按此方法计算,临时煤柱最小宽度为 $2x_0 = 5.36$ m。

7.3.3　连续梁上煤柱载荷计算

根据煤柱留设方案建立连续梁的力学模型,如图 7-18 所示。用支座表示煤柱,其中 2、4、6 号支座表示为隔离煤柱,3、5 号支座表示临时煤柱,取每个煤柱中间点为支撑点,(1)、(2)、……表示相邻煤柱之间的开采带。临时煤柱和隔离煤柱宽度与相似模拟实验尺寸一致。

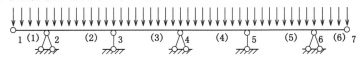

图 7-18　临时煤柱与隔离煤柱力学模型

根据材料力学及结构力学的连续梁理论,可求得当隔离煤柱为 15 m、临时煤柱为 6 m 时各支座的反力为:

$$F_2 = 63.74q; F_3 = 56.18q; F_4 = 62.66q;$$
$$F_5 = 56.18q; F_6 = 63.74q。$$

煤炭开采后只有部分覆盖层载荷传递到煤柱上,传递载荷以传递系数计算,取榆神府矿区覆盖层传递系数为 0.83,若覆盖层平均厚度为 90 m,则计算可得 $q = 1.56$ MN/m^2,进而可得到 15 m 隔离煤柱和 6 m 临时煤柱相间布置时的剪力、弯矩图,分别如图 7-19 和图 7-20 所示。

因此,当采用 15 m 隔离煤柱、6 m 临时煤柱时,隔离煤柱平均载荷为 6.63 MPa,临时煤柱平均载荷为 14.6 MPa。同理可求得临时煤柱为 7 m 和 5 m

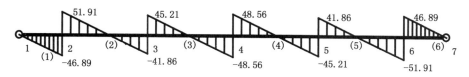

图 7-19 隔离煤柱与临时煤柱剪力图

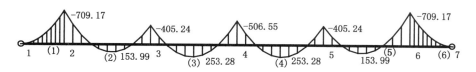

图 7-20 隔离煤柱与临时煤柱弯矩图

时煤柱平均载荷,如表 7-1 所列。由于 4 m 煤柱已经破坏,这里不再计算。

表 7-1　隔离煤柱与临时煤柱载荷

临时煤柱			隔离煤柱		
宽度/m	平均载荷/MPa	安全系数 K	宽度/m	平均载荷/MPa	安全系数 K
7	12.5	1.6			
6	14.6	1.4	15	6.63	3.1
5	17.5	1.2			

　　从上表可以看出,7 m 临时煤柱安全系数为 1.6,煤柱是稳定的。6 m 和 5 m 临时煤柱平均载荷为 14.6 MPa 和 17.5 MPa,略高于相似模拟实验 6 m 和 5 m 临时煤柱的平均载荷,其安全系数达 1.4 和 1.2,因此 6 m 和 5 m 临时煤柱在一定时间内能保持稳定。15 m 隔离煤柱安全系数达 3.1,能保持长期稳定。

7.4　小　　结

　　(1) 针对榆神府矿区中小型煤矿的保水开采,提出了在砂基型地质条件下采用长壁间隔式推进开采,保证顶板隔水层和煤柱稳定而达到保水开采;在 2 m 采高砂土基型条件下采用长壁间隔式推进留临时煤柱保水开采,临时煤柱减小顶板的下沉速度和空间,隔离煤柱限制顶板的破坏范围,从而减小隔水层的破坏程度或使其破坏后能及时恢复隔水性能,从而达到保水开采的目的。

　　(2) 模拟和计算表明 7 m 和 6 m 临时煤柱支承压力小于煤柱的长时强度,煤柱有 4 m 和 2 m 核区,煤柱安全系数为 1.6 和 1.4,5 m 临时煤柱支承压力已接近长时强度,煤柱有 1 m 核区,煤柱安全系数为 1.2,考虑到实际生产中煤柱宽度留设误差和开采扰动等因素,临时煤柱宽度以 6 m 留设比较合理。

（3）15 m 隔离煤柱不会因开采带间顶板垮落的冲击应力而失稳,而在正常开采期间隔离煤柱应力远小于煤柱长时强度,煤柱两侧仅有 2 m 屈服区,核区率约 73%,煤柱安全系数达 3.1,因此长壁间隔式推进的隔离煤柱为 15 m 能保持长期稳定。

（4）已采区段采空区顶板垮落时,相邻区段工作面支柱工作阻力增加了 29 kN,但未诱发该工作面采空区顶板垮落,说明 17 m 区段煤柱能起到很好的隔离作用,不会对正常开采造成大的影响。

8　工程类比和应用

通过前面实验研究、理论分析和数值计算,可知榆神府矿区采用长壁连续推进开采方法可能导致潜水水位大幅度下降,而中小型煤矿采用长壁间隔式推进既能实现提高煤炭采出率又达到保水的目的,其中属于砂基型条件的上湾矿采用的旺格维利采煤法,属于砂土基型条件的南梁煤矿采用的长壁间隔式推进都能很好地验证本研究的结论,现将有代表性的砂基型条件的上湾矿 52102 工作面和砂土基型条件的南梁煤矿 20109 工作面开采状况介绍如下。

8.1　砂基型地质条件下的旺格维利采煤法

旺格维利采煤法是澳大利亚一种房柱式采煤方法,引进到我国后对其进行了改造,尽管回采工艺没有改变,但最后形成的采空区与长壁间隔式推进相同,而且旺格维利采煤法机械化程度高,采出率比房柱式开采也有很大提高,是实现保水开采的方法之一。该矿田属于砂基型工程地质类型,且地表有黑炭沟河流过,现场已成功开采了 6 个工作面,开采表明旺格维利采煤法在砂基型工程地质条件下能达到保水开采的目的。因此以该开采实例进行工程类比。

8.1.1　52102 工作面开采条件

52102 工作面位于上湾矿井东翼一盘区,在黑炭沟河流域下,工作面开采 2^{-2} 煤层,煤层厚度平均 6.33 m,采高 4.0 m,煤层倾角 1°~3°,煤层赋存稳定,地质条件简单,覆岩参数如表 8-1 所列。

表 8-1　52102 工作面覆岩综合参数

序　号	岩　性	厚度/m	容重/(MN/m³)	抗拉强度/MPa	弹性模量/10⁴ MPa
11	风砂层	31.00	0.016		
10	中砂石	1.27	0.023	2.75	3.00
9	$1^{-2上}$煤层	1.80	0.013	0.70	0.15
8	粉砂岩	8.47	0.024	3.83	4.15
7	1^{-2}煤层	2.64	0.013	0.70	0.15

表 8-1(续)

序号	岩　性	厚度/m	容重/(MN/m³)	抗拉强度/MPa	弹性模量/10⁴ MPa
6	粉砂岩	4.70	0.024	3.83	4.15
5	泥岩	2.95	0.024	1.53	1.80
4	中砂石	3.79	0.023	2.75	3.00
3	粗砂岩	19.84	0.024	3.10	3.00
2	细砂岩	2.75	0.023	2.75	3.05
1	粉砂岩	2.30	0.024	3.83	4.15
0	2⁻²煤层	6.33			

注:根据地质资料,第 3 号岩层下分层为 9.84 m,上分层为 10.0 m。

工作面水文地质条件简单,松散层为主要含水层,松散层厚度为 31 m,含水较丰富,其涌水量为 2.374～2.441 L/s,基岩可视为隔水层,充水水源为松散层潜水和基岩裂隙水,基岩裂隙水以静储量为主,松散含水层除接受大气降水补给外,还接受工作面正上方黑炭沟河上游及其支沟径流补给,具有较强的补给能力,水量稳定,最大涌水量为 25 m³/h,正常涌水量为 10 m³/h。

8.1.2　旺格维利保水开采的理论参数

通过关键层的定义对工作面岩层的刚度条件进行判断,计算过程如下:

$q_3|_3 = 0.240\ 0\ \mathrm{MN/m^2}$;$q_3|_4 = 0.310\ 3\ \mathrm{MN/m^2}$;$q_3|_5 = 0.372\ 0\ \mathrm{MN/m^2}$;

$q_3|_6 = 0.420\ 9\ \mathrm{MN/m^2}$;$q_3|_7 = 0.448\ 7\ \mathrm{MN/m^2}$;$q_3|_8 = 0.364\ 2\ \mathrm{MN/m^2}$;

$q_8|_8 = 0.203\ 3\ \mathrm{MN/m^2}$;$q_8|_9 = 0.226\ 6\ \mathrm{MN/m^2}$;$q_8|_{10} = 0.255\ 2\ \mathrm{MN/m^2}$;

$$q_{11}|_{11} = 0.496\ \mathrm{MN/m^2}。$$

计算中"3"为 3 号岩层上分层,计算表明覆岩中 3 号岩层上层为第一层硬岩层,8 号岩层为第二层硬岩层,然后根据组合关键层的定义进行判断,相关计算见表 8-2,可得其值为 0.505。因此,在该覆盖岩层中 3 号岩层上层和 8 号岩层及其相关岩层形成组合关键层,组合关键层的厚度为 32.55 m。组合关键层的层位距离煤层顶板 14.89 m,开采后留有顶煤 2.33 m,所以相当于组合关键层层位距离煤层顶板 17.22 m,其层位高与采高之比 $k_c = 4.3$。

表 8-2　52102 工作面组合关键层相关参数计算

层号	1～n 层		(n+1)～m 层		q/(MN/m²)
	$\sum \rho g h$ /(MN/m²)	$\sum E h^3$ /(m・MN)	$\sum \rho g h$ /(MN/m²)	$\sum E h^3$ /(m・MN)	
11					风积沙
10			0.029 2	6.15×10⁴	0.496

表 8-2(续)

层号	1~n 层		($n+1$)~m 层		q /(MN/m²)
	$\sum \rho g h$ /(MN/m²)	$\sum E h^3$ /(m·MN)	$\sum \rho g h$ /(MN/m²)	$\sum E h^3$ /(m·MN)	
9			0.023 4	0.87×10⁴	
8			0.203 3	2 521.73×10⁴	
7	0.034 3	2.76×10⁴			
6	0.114 2	430.86×10⁴			
5	0.070 8	46.2×10⁴			
4	0.087 2	163.3×10⁴			
3^{上}	0.24	3 000×10⁴			

进一步可以得出组合关键层的弹性模量为 1.21×10^4 MPa,载荷为 1.298 MN/m²,抗拉强度为 3.10 MPa,组合效应系数可取 $\psi = 0.90$,在河流下开采的流固耦合损伤因子取 $\varphi = 0.2$,则组合关键层在流固耦合作用下的极限跨距为:

$$L'''_z = 0.90 \times 32.55 \sqrt{\frac{2 \times 3.10 \times 10^6 \times 0.8}{1.298 \times 10^6}} - 0.92(4-2) = 55.4 \text{ (m)}$$

组合关键层层位高 17.22 m,各岩层在工作面侧垮落角度平均取 70°,在开切眼侧的垮落角度平均取 65°,根据工作面推进距离公式可计算出长壁间隔式推进的合理推进距离为:

$$L_j = \lambda L_{z,j} = \lambda (\sum_{i=1}^{n} h_i \cot \varphi_q + L'''_z + \sum_{i=1}^{n} h_i \cot \varphi_h)$$
$$= 0.9(8.0 + 55.4 + 6.3) \approx 63 \text{ (m)}$$

流固耦合实验中的合理推进距离为 58~69 m,理论计算的合理推进距离约为 63 m,隔离煤柱宽为 15 m。

8.1.3 工作面实际开采参数

52102 工作面两翼对拉布置,大巷条带式布置,在工作面中布置两条平巷,长度为 1 000 m,两条平巷中对中 21 m,平巷间留设 15 m 宽的煤柱,一条作为辅助运输巷,另一条作为胶带运输巷,服务左右两翼,两翼对拉、齐头并进、前进式回采,左翼工作面长 78 m,右翼工作面长为 55 m,在工作面与平巷间留 5 m 宽的护巷煤柱。支巷间距(中对中)25.5 m,支巷与运输平巷斜交,夹角为 60°,当支巷与平巷转换为垂直布置时,可表示为图 8-1 所示的等效布置示意图。

52102 工作面采用旺格维利采煤方法,回采后留下一个个面积为 67 m×

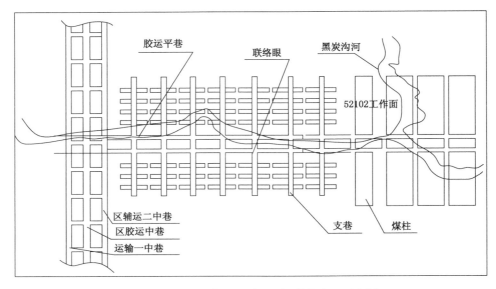

图 8-1　52102 工作面巷道(垂直)等效布置示意图

150 m(左翼工作面 78 m,考虑到 60°夹角,实际形成的采空区宽 67 m)或 48 m×150 m(右翼)的采空区,这就相当于长壁间隔式推进工作面长 150 m,每推进 48~67 m 留设一宽 15 m 煤柱所留的采空区。工作面采过后直接顶全部垮落,基本顶部分垮落,没有与上覆水系贯通,井下涌水主要是底板水,顶板无淋水现象。在工作面回采一年后的 10 月份对黑炭沟河流量进行了一次实测,其流量没有发生大的变化,地表到目前也没有出现裂隙,说明工作面采空区没有与上覆水系贯通,旺格维利采煤法达到了保护黑炭沟河水不渗漏的目的。对比实验分析和理论计算的合理开采参数可知,52102 工作面右翼开采参数合理,左翼 78 m偏大。

8.2　砂土基型地质条件下的长壁间隔式推进

南梁煤矿与笔者所在课题组合作,通过不断研究提出了长壁间隔式推进方法,从 2002 年开始采用至今,其长壁间隔式推进炮采工作面单产已达 50 万 t/a 以上。该矿田属于砂土基型工程地质类型,且地表有小则沟、红草沟等沟谷流过,现场已成功开采了 5 个工作面,开采后未对地表造成破坏,也没使沟谷流水下渗,开采实践证明长壁间隔式推进方法在砂土基型工程地质条件下能实现保水开采。

8.2.1　20109 工作面开采条件

南梁煤矿 20109 工作面开采 2^{-2} 煤层,采煤方法为长壁间隔式推进模式,开采区内地形复杂,构造简单,地层走向北东,倾向北西,倾角平缓,一般为 $1° \sim 2°$,未发现大的断裂和褶皱。区内发育的近南北向沟流有小则沟、红草沟等,近东西向的有黄羊城沟、杨山沟等。工作面覆盖层厚 $60 \sim 100$ m,其中正常基岩厚 $40 \sim 50$ m,砂土层厚 $20 \sim 63$ m,岩层综合参数如表 8-3 所列。

表 8-3　20109 工作面岩层综合参数

层序	岩性	厚度/m	容重/(MN/m³)	抗拉强度/MPa	弹性模量/10⁴ MPa
9	砂土层	40.0	0.018		0.02
8	粉砂岩	7.3(风化)	0.024	1.30	1.5
7	细砂岩	2.8	0.024	2.09	2.2
6	中粒砂岩	4.7	0.025	2.60	3.0
5	1^{-2}煤	1.8	0.013	1.10	0.74
4	粉砂岩	13.9	0.024	2.90	3.0
3	细砂岩	5.75	0.024	2.09	2.2
2	中粒砂岩	11.4	0.025	2.60	3.0
1	粉砂岩	2.1	0.024	2.90	3.0
0	2^{-2}煤层	2.0	0.013	1.10	0.74

8.2.2　长壁间隔式推进保水的理论参数

通过关键层的定义对工作面岩层的刚度条件进行判断,计算过程如下:

$q_2|_2 = 0.285\,0$ MN/m²; $q_2|_3 = 0.386\,6$ MN/m²; $q_2|_4 = 0.260\,3$ MN/m²;

$q_4|_4 = 0.333\,6$ MN/m²; $q_4|_5 = 0.356\,8$ MN/m²; $q_4|_6 = 0.456\,6$ MN/m²;

$$q_4|_7 = 0.518\,3 \text{ MN/m}^2; \quad q_4|_8 = 0.641\,4 \text{ MN/m}^2 。$$

计算表明覆岩中 2 号岩层为第一层硬岩层,4 号岩层为第二层硬岩层,然后根据组合关键层的定义进行判断,相关计算见表 8-4,可得其值为 0.55。因此,在该覆盖岩层中 2 号岩层和 4 号岩层及相关岩层形成组合关键层,组合关键层的厚度为 32.05 m,层位高与采高之比 $k_c = 1.05$。

表 8-4　20109 工作面组合关键层相关参数计算

层号	$1 \sim n$ 层		$(n+1) \sim m$ 层		q /(MN/m²)
	$\sum \rho g h$ /(MN/m²)	$\sum E h^3$ /(m·MN)	$\sum \rho g h$ /(MN/m²)	$\sum E h^3$ /(m·MN)	
9					砂土层
8			0.175	583.5×10^4	0.72

表 8-4(续)

层号	$1 \sim n$ 层		$(n+1) \sim m$ 层		$q /(\text{MN/m}^2)$
	$\sum \rho g h$ /(MN/m²)	$\sum E h^3$ /(m·MN)	$\sum \rho g h$ /(MN/m²)	$\sum E h^3$ /(m·MN)	
7			0.067	48.3×10^4	
6			0.118	311.5×10^4	
5			0.023	4.3×10^4	
4			0.334	$8\,056.9 \times 10^4$	
3	0.138	418.2×10^4			
2	0.285	$4\,444.6 \times 10^4$			

进一步计算可得组合关键层的弹性模量为 2.8×10^4 MPa，载荷为 1.84 MN/m²，抗拉强度为 2.9 MPa，由于松散土层自身能承担一部分载荷，所以组合效应系数可取 $\psi = 1$，流固耦合损伤因子取 $\varphi = 0.05$，则可计算组合关键层在流固耦合作用下的极限跨距为：

$$L'''_z = 1 \times 31.05 \sqrt{\frac{2 \times 2.9 \times 10^6 \times 0.95}{1.84 \times 10^6}} - 0.92(2-2) = 53.7 \ (\text{m})$$

组合关键层层位高 2.1 m，岩层在工作面侧垮落角度平均取 65°，在开切眼侧垮落角度平均取 63°，根据工作面推进距离公式可计算出长壁间隔式推进的合理推进距离为：

$$L_j = \lambda L_{z,j} = \lambda \left(\sum_{i=1}^{n} h_i \cot \varphi_q + L'''_z + \sum_{i=1}^{n} h_i \cot \varphi_h \right)$$
$$= 0.9(0.98 + 53.7 + 1.07) \approx 50.2 \ (\text{m})$$

由上可知其合理推进距离约为 50.2 m，隔离煤柱宽为 15 m。

8.2.3　20109 工作面实际开采参数

20109 工作面长 180 m，每侧 90 m，沿推进方向长 1 000 m，采高 2.0 m，采用全部垮落法管理顶板，爆破落煤，支护采用 DVJ-22 液压支柱配合 HDJA-1200 型金属铰接顶梁，排距为 1.0 m，柱距为 0.6 m，最大控顶距为 4.0 m。间隔式推进工作面每推进 50 m 留 10 m 隔离煤柱，工作面于 2005 年开采完毕，开采后工作面示意图如图 8-2 所示。

20109 工作面采用长壁间隔式推进开采模式，工作面采过后直接顶全部垮落，基本顶组合关键层保持稳定，裂隙没有贯通基岩上土层，到目前地表也没有裂隙发育和沟谷流水渗漏，说明工作面采空区导水裂隙没有贯通土层，该开采方法能达到保水开采的目的。对比实验分析和理论计算的合理开采参数可知，工

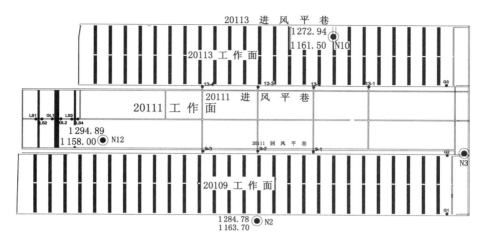

图 8-2　20109 工作面开采示意图

作面推进距离合理,但 10 m 隔离煤柱偏小,尽管 10 m 隔离煤柱目前保持稳定,但为了安全起见,煤柱应该增加到 15 m 以保证煤柱的永久性稳定,同时该条件下开采可考虑长壁间隔式留临时煤柱开采的实验。

8.3　小　　结

（1）地质条件属于砂基型的上湾煤矿,其 52102 工作面位于黑炭沟河正上方,开采后黑炭沟河流量没有发生大的变化,地表到目前也没有出现裂隙,工作面采空区没有与上覆水系贯通,充分证实旺格维利（长壁间隔式推进）在砂基型地质条件下能实现保水开采,目前已成功开采了 6 个工作面。

（2）地质条件属于砂土基型的南梁煤矿,其 20109 工作面采用长壁间隔式推进模式,开采后基本顶组合关键层保持稳定,裂隙没有贯通基岩上土层,到目前地表也没有裂隙发育和沟谷流水渗漏,证明在砂土基型地质条件下长壁间隔式推进能实现保水开采,目前已成功开采了 5 个工作面。

9 结　　论

本书基于流固耦合作用和岩层控制的学术思想,本着既要提高煤炭采出率,又要保护水资源的目的,通过地质条件分析、理论研究、流固耦合相似材料模拟实验、数值分析及现场工程类比和应用,系统研究了浅埋煤层开采过程中水岩耦合作用下岩层的运动和破坏规律以及导水裂隙发展规律,提出了适合于中小型煤矿的长壁间隔式推进保水开采方法,取得的主要结论有:

(1) 在推导流固耦合相似准则的基础上,成功地研制了以石蜡为胶凝剂的流固两相相似模拟实验材料,实验材料的弹性力学参数与渗流力学参数与原型相似,并有良好的非亲水性能,满足两相相似模拟实验要求。该实验材料的研制突破了传统的单一固体模拟实验,地下保水开采相似模拟实验取得了突破性进展,也为以后研究渗流场与应力场耦合开辟了新途径。

(2) 进一步完善了流固耦合相似模拟实验平台的应力、位移、渗流测试系统及测试技术,解决了不同介质的耦合比等问题,并且验证实验进一步证明了两相模拟材料和配比选择正确、实验过程可信、结论可靠。

(3) 不同地质条件下的流固耦合相似模拟实验表明,主关键层和组合关键层条件下,岩层的运动破坏规律是下位逐层垮落而上位整体垮落。主关键层和组合关键层层位高与采高之比满足 $k_c \geqslant 11$ 时,可进入弯曲下沉带。由于组合关键层是由两层或两层以上的关键层组合而形成的,其层位要比主关键层的层位低,在浅埋煤层中组合关键层进入裂隙带和弯曲下沉带比主关键层更难。

(4) 影响浅埋煤层长壁间隔式推进保水的主要因素有四个,即主关键层或组合关键层层位、煤层采高、极限破断距和潜水渗流特征。层位越高,极限破断距越大,保水推进距离也越大;煤层采高越小,主关键层或组合关键层越容易进入弯曲下沉带;围岩渗流活动越明显,顶板的流固耦合损伤越严重。

(5) 通过把作用于岩体上的渗流体积力转换为等效节点载荷,分析了渗流场对应力场及位移场的影响,以及岩体体积应变与水头变化之间的关系,从而建立了岩体等效连续介质渗流场和应力场的耦合方程,相互影响的定量关系为 $\{R\}[B]\{\Delta\delta\}_e = \dfrac{n\gamma}{E_w}\Delta H$。对原型条件下的岩石试件和采场覆岩破坏的流固耦合作用的数值模拟表明,有水作用下与无水作用下相比,试件的抗压强度减小了12%,采场覆岩整体垮落时工作面的推进距离减小了10.7%。

（6）分析了地面厚松散层浅埋煤层中组合关键层的形成机理,以及覆岩的属性和空间配置对组合效应的影响,分析表明软弱夹层的总厚度与两硬岩层的总厚度相等时组合效应最佳。在考虑开采过程中流固耦合损伤积累的基础上,提出了流固耦合损伤变量因子 φ , $\varphi = \dfrac{\gamma n q_z (2n^2 + 3n + 1)}{12h_z^2}$,并在考虑组合效应、流固耦合损伤以及采高影响时,进行了组合关键层破断距公式的修正,修正公式计算的1203工作面初次来压步距与实测一致。同时,确定了长壁间隔式推进保水开采工作面合理推进距离的计算公式。

（7）在砂基型地质条件下,只要组合关键层破断,潜水就会渗漏;在砂土基型地质条件下,提出了隔水土层保持完整隔水性能的判据,通过改变组合关键层的运动和破坏形式,可以达到控制隔水层的破坏程度,从而实现其再生隔水性能,进而提出了2 m采高砂土基型浅埋煤层长壁间隔式推进留临时煤柱保水开采方案,并确定了相应的隔离煤柱和临时煤柱的大小。

（8）上湾煤矿52102工作面属于砂基型地质条件,采用旺格维利方法(长壁间隔式推进)开采后黑炭沟河流量没有发生变化,地表到目前也没有出现裂隙,取得了良好的保水效果;南梁煤矿20109工作面属于砂土基型地质条件,到目前地表也没有裂隙发育和沟谷流水渗漏。

参 考 文 献

[1] 魏同.中国煤炭工业可持续发展的系统分析[J].中国煤炭经济学院学报，1996(1):3-10.

[2] 李涛.陕北煤炭大规模开采含隔水层结构变异及水资源动态研究[D].徐州：中国矿业大学,2012.

[3] 范立民.保水采煤的科学内涵[J].煤炭学报,2017,42(1):27-35.

[4] 叶贵钧,张莱,李文平,等.陕北榆神府矿区煤炭资源开发主要水工环问题及防治对策[J].工程地质学报,2000,8(4):446-455.

[5] 钱鸣高,许家林,缪协兴.煤矿绿色开采技术[J].中国矿业大学学报,2003,32(4):5-10.

[6] 许家林,王晓振,刘文涛,等.覆岩主关键层位置对导水裂隙带高度的影响[J].岩石力学与工程学报,2009,28(2):380-385.

[7] 薛世峰,仝兴华,岳伯谦,等.地下流固耦合理论的研究进展及应用[J].石油大学学报(自然科学版),2000,24(2):109-114.

[8] 仵彦卿,张倬元.岩体水力学导论[M].成都:西南交通大学出版社,1995.

[9] 仵彦卿.岩体水力学概述[J].地质灾害与环境保护,1995,6(1):57-64.

[10] 王宙,陈兴华,蔡明.龙羊峡重力拱坝和基础变形过程特征研究[J].水力发电学报,1994(1):7-17.

[11] 董福品,朱伯芳,沈之良,等.国内外高拱坝应力分析概况[J].中国水利水电科学研究院学报,2003,1(4):292-299.

[12] 武强,安永会,刘文岗,等.神府东胜矿区水土环境问题及其调控技术[J].煤田地质与勘探,2005,33(3):54-58.

[13] 许家林,朱卫兵,王晓振,等.沟谷地形对浅埋煤层开采矿压显现的影响机理[J].煤炭学报,2012,37(2):179-185.

[14] 张志强,许家林,刘洪林,等.沟深对浅埋煤层工作面矿压的影响规律研究[J].采矿与安全工程学报,2013,30(4):501-505,511.

[15] 高登云,高登彦.大柳塔煤矿薄基岩浅埋煤层工作面矿压规律研究[J].煤炭科学技术,2011,39(12):20-22,50.

[16] 任艳芳,齐庆新.浅埋煤层长壁开采围岩应力场特征研究[J].煤炭学报,
2011,36(10):1612-1618.

[17] 宋选民,顾铁凤,闫志海.浅埋煤层大采高工作面长度增加对矿压显现的影
响规律研究[J].岩石力学与工程学报,2007,26(增刊2):4007-4012.

[18] 黄庆享,周金龙.浅埋煤层大采高工作面矿压规律及顶板结构研究[J].煤
炭学报,2016,41(增刊2):279-286.

[19] 华能精煤神府公司大柳塔煤矿,西安矿业学院矿山压力研究所.大柳塔煤
矿1203工作面矿压观测研究报告[J].陕西煤炭技术,1994(3/4):33-39.

[20] 侯忠杰.组合关键层理论的应用研究及其参数确定[J].煤炭学报,2001,26
(6):611-615.

[21] 侯忠杰.地表厚松散层浅埋煤层组合关键层的稳定性分析[J].煤炭学报,
2000,25(2):127-131.

[22] 侯忠杰.断裂带基本顶的判别准则及在浅埋煤层中的应用[J].煤炭学报,
2003,28(1):8-12.

[23] 侯忠杰.浅埋煤层关键层研究[J].煤炭学报,1999,24(4):359-363.

[24] 黄庆享.浅埋煤层的矿压特征与浅埋煤层定义[J].岩石力学与工程学报,
2002,21(8):1174-1177.

[25] 黄庆享.浅埋采场初次来压顶板砂土层载荷传递研究[J].岩土力学,2005,
26(6):881-883.

[26] 黄庆享,张沛,董爱菊.浅埋煤层地表厚砂土层"拱梁"结构模型研究[J].岩
土力学,2009,30(9):2722-2726.

[27] 黄庆享,董博,陈苏社.浅埋特大采高工作面矿压规律及支护阻力确定[J].
采矿与安全工程学报,2016,33(5):840-844.

[28] 黄庆享,唐朋飞.浅埋煤层大采高工作面顶板结构分析[J].采矿与安全工
程学报,2017,34(2):282-286.

[29] 黄庆享,黄克军,赵萌烨.浅埋煤层群大采高采场初次来压顶板结构及支架
载荷研究[J].采矿与安全工程学报,2018,35(5):940-944.

[30] 黄庆享,张文忠,侯志成.固液耦合试验隔水层相似材料的研究[J].岩石力
学与工程学报,2010,29(增刊):2813-2818.

[31] 张杰,侯忠杰,石平五.地下工程渗流场与应力场耦合的相似材料模拟[J].
辽宁工程技术大学学报,2005,24(5):639-642.

[32] 煤炭科学研究院北京开采研究所.煤矿地表移动与覆岩破坏规律及其应用
[M].北京:煤炭工业出版社,1981.

[33] 许家林,朱卫兵,王晓振.基于关键层位置的导水裂隙带高度预计方法[J].

煤炭学报,2012,37(5):762-769.

[34] 胡小娟,李文平,曹丁涛,等.综采导水裂隙带多因素影响指标研究与高度预计[J].煤炭学报,2012,37(4):613-620.

[35] 刘树才,刘鑫明,姜志海,等.煤层底板导水裂隙演化规律的电法探测研究[J].岩石力学与工程学报,2009,28(2):348-356.

[36] 许家林,钱鸣高.绿色开采的理念与技术框架[J].科技导报,2007,25(7):61-65.

[37] 钱鸣高,缪协兴,许家林.资源与环境协调(绿色)开采及其技术体系[J].采矿与安全工程学报,2006,23(1):1-5.

[38] 钱鸣高.资源与环境协调(绿色)开采[J].煤炭科技,2006(1):1-4.

[39] 缪协兴,陈荣华,白海波.保水开采隔水关键层的基本概念及力学分析[J].煤炭学报,2007,32(6):561-564.

[40] 范立民.生态脆弱区保水采煤研究新进展[J].辽宁工程技术大学学报(自然科学版),2011,30(5):667-671.

[41] 刘建功.冀中能源低碳生态矿山建设的研究与实践[J].煤炭学报,2011,36(2):317-321.

[42] 张东升,刘洪林,范钢伟,等.新疆大型煤炭基地科学采矿的内涵与展望[J].采矿与安全工程学报,2015,32(1):1-6.

[43] 马立强,张东升,乔京利,等.浅埋煤层采动覆岩导水通道分布特征试验研究[J].辽宁工程技术大学学报(自然科学版),2008,27(5):649-652.

[44] 顾大钊,张勇,曹志国.我国煤炭开采水资源保护利用技术研究进展[J].煤炭科学技术,2016,44(1):1-7.

[45] 张东升,李文平,来兴平,等.我国西北煤炭开采中的水资源保护基础理论研究进展[J].煤炭学报,2017,42(1):36-43.

[46] 李治学.浅谈采矿工程中绿色开采技术的相关应用[J].中国科技信息,2013(20):32-33.

[47] 侯忠杰,张杰.陕北矿区开采潜水保护固液两相耦合实验及分析[J].湖南科技大学学报(自然科学版),2004,19(4):1-5.

[48] 张杰,侯忠杰.榆树湾浅埋煤层保水开采三带发展规律研究[J].湖南科技大学学报(自然科学版),2006,21(4):10-13.

[49] 马立强,张东升,董正筑.隔水层裂隙演变机理与过程研究[J].采矿与安全工程学报,2011,28(3):340-344.

[50] 王双明,范立民,黄庆享,等.陕北生态脆弱矿区煤炭与地下水组合特征及保水开采[J].金属矿山,2009(增刊):697-702,707.

［51］ 刘建功，赵利涛.基于充填采煤的保水开采理论与实践应用［J］.煤炭学报，2014,39(8):1545-1551.

［52］ 黄庆享.浅埋煤层保水开采岩层控制研究［J］.煤炭学报，2017,42(1):50-55.

［53］ 黄庆享，张文忠.浅埋煤层条带充填隔水岩组力学模型分析［J］.煤炭学报，2015,40(5):973-978.

［54］ 李文平，王启庆，李小琴.隔水层再造：西北保水采煤关键隔水层 N_2 红土工程地质研究［J］.煤炭学报，2017,42(1):88-97.

［55］ 张杰，侯忠杰.浅埋煤层开采中的溃沙灾害研究［J］.湖南科技大学学报（自然科学版），2005,20(3):15-18.

［56］ 侯忠杰，张杰.厚松散层浅埋煤层覆岩破断判据及跨距计算［J］.辽宁工程技术大学学报，2004,23(5):577-580.

［57］ 侯忠杰，张杰.砂土基型浅埋煤层保水煤柱稳定性数值模拟［J］.岩石力学与工程学报，2005,24(13):2255-2259.

［58］ 钱鸣高，缪协兴，许家林.岩层控制的关键层理论［M］.徐州：中国矿业大学出版社，2000.

［59］ JONES F O. A laboratory study of the effects of confining pressure on fracture flow and storage capacity in carbonate rocks［J］. Journal of petroleum technology,1975,27(1):21-27.

［60］ LIU J. Linking stress dependent effective porosity and hydraulic conductivity fields to RMR［J］. International journal of rock mechanics and mining sciences & geomechanics abstracts,1999,36(2):581-596.

［61］ WASH J B,GROSENBAUGH M A. A new model for analyzing the effect of fractures on compressibility［J］. JGR solid earth, 1979, 84 (B7):3532-3536.

［62］ GANGI A F. Variation of whole and fractured porous rock permeability with confining,pressure［J］. International journal of rock mechanics and mining science & geomechanics abstracts,1978,15(5):249-257.

［63］ TSANG W A,WITHERSPOON P A. Hydromechanical behavior of a deformable rock fracture subject to normal stress［J］. JGR solid earth,1981,86(B10):9287-9298.

［64］ BARTON N,BANDIS S,BAKHTAR K. Strength deformation and conductivity coupling of rock joints［J］. International journal of rock mechanics and mining science and geomechanical abstracts,1985,22(3):121-140.

［65］GANGI A F. Variation of whole and fractured porous rock permeability with confining pressure［J］. International journal of rock mechanics and mining science & geomechanics abstracts,1978,15(5):249-257.

［66］王文学,隋旺华,董青红.应力恢复对采动裂隙岩体渗透性演化的影响［J］.煤炭学报,2014,39(6):1031-1038.

［67］陈平,张有天.裂隙岩体渗流与应力耦合分析［J］.岩石力学与工程学报,1994,13(4):299-308.

［68］王媛,徐志英,速宝玉.复杂裂隙岩体渗流与应力弹塑性全耦合分析［J］.岩石力学与工程学报,2000,19(2):177-181.

［69］刘继山.单裂隙受正应力作用时的渗流公式［J］.水文地质工程地质,1987(2):32-33,28.

［70］郑少河,朱维申.裂隙岩体渗流损伤耦合模型的理论分析［J］.岩石力学与工程学报,2001,20(2):156-159.

［71］张燕,周轩,叶剑红.大开度裂隙网络内非线性两相渗流的数值研究［J］.岩石力学与工程学报,2018,37(4):931-939.

［72］刘玉,韩雨,张强,等.水沙混合物裂隙渗流特性分析［J］.煤炭学报,2019,44(3):875-881.

［73］赵延林,曹平,汪亦显,等.裂隙岩体渗流-损伤-断裂耦合模型及其应用［J］.岩石力学与工程学报,2008,27(8):1634-1643.

［74］刘才华,陈从新,付少兰.二维应力作用下岩石单裂隙渗流规律的实验研究［J］.岩石力学与工程学报,2002,21(8):1194-1198.

［75］曾亿山,卢德唐,曾清红,等.单裂隙流-固耦合渗流的试验研究［J］.实验力学,2005,20(1):10-16.

［76］杨金保,冯夏庭,潘鹏志.考虑应力历史的岩石单裂隙渗流特性试验研究［J］.岩土力学,2013,34(6):1629-1635.

［77］刘才华,陈从新.三轴应力作用下岩石单裂隙的渗流特性［J］.自然科学进展,2007,17(7):989-994.

［78］TERZAGHI K. Theoretical soil mechanics［M］. New York:John Wiley & Sons,1943:1-10.

［79］BIOT M A. General solutions of the equations of elasticity and consolidation for a porous material［J］. Journal of applied mechanics,1956,78:91-96.

［80］ODA M. An equivalent continuum model for coupled stress and fluid flow analysis in jointed rock masses［J］. Water resources research,1986,22

(13):1845-1856.

[81] LUBINSKI A. Theory of elasticity for porous bodies displaying a strong pore structure[C]//Proceedings of the 2nd US national congress of applied mechanics. [S. l.]: American Society of Mechanical Engineers, 1954:247-256.

[82] GEERTSMA J. A remark on the analogy between thermoelasticity and the elasticity of saturated porous media[J]. Journal of the mechanics & physics of solids,1957,6(1):13-16.

[83] SAVAGE W Z,BRADDOCK W A. A model for hydrostatic consolidation of Pierre shale[J]. International journal of rock mechanics & mining science & geomechanics abstracts,1991,28(5):345-354.

[84] ZIENKIEWICZ O C,SHIOMI T. Dynamic behaviour of saturated porous media:the generalized Biot formulation and its numerical solution[J]. International journal for numerical & analytical methods in geomechanics, 2010,8(1):71-96.

[85] 刘乐乐,鲁晓兵,张旭辉.天然气水合物分解引起多孔介质变形流固耦合研究[J].天然气地球科学,2013,24(5):1079-1085.

[86] 钟轶峰,杨文文,张亮亮,等.基于变分渐近法预测饱和多孔介质流固耦合性能的细观力学模型[J].复合材料学报,2016,33(4):947-953.

[87] 孙文斌,张士川,李杨杨,等.固流耦合相似模拟材料研制及深部突水模拟试验[J].岩石力学与工程学报,2015,34(增刊):2665-2670.

[88] 李培超,孔祥言,卢德唐.饱和多孔介质流固耦合渗流的数学模型[J].水动力学研究与进展(A辑),2003,18(4):419-426.

[89] 刘晓丽,梁冰,王思敬,等.水气二相渗流与双重介质变形的流固耦合数学模型[J].水利学报,2005,36(4):405-412.

[90] 仵彦卿,柴军瑞.作用在岩体裂隙网络中的渗透力分析[J].工程地质学报,2001,9(1):24-28.

[91] 仵彦卿.岩体结构类型与水力学模型[J].岩石力学与工程学报,2000,19(6):687-691.

[92] 柴军瑞,仵彦卿.岩体渗流场与应力场耦合分析的多重裂隙网络模型[J].岩石力学与工程学报,2000,19(6):712-717.

[93] 柴军瑞,仵彦卿.工程岩体渗透特性分类的多指标体系模糊数学方法[J].西安理工大学学报,2000,16(1):80-83.

[94] 王旱祥,兰文剑,刘延鑫,等.煤储层含煤粉流体流固耦合渗流数学模型

[J].天然气地球科学,2013,24(4):667-670.

[95] 梁越,陈亮,陈建生.考虑流固耦合作用的管涌发展数学模型研究[J].岩土工程学报,2011,33(8):1265-1270.

[96] 李培超,李贤桂,龚士良.承压含水层地下水开采流固耦合渗流数学模型[J].辽宁工程技术大学学报(自然科学版),2009,28(增刊):249-252.

[97] 房平亮,冉启全,鞠斌山,等.致密砂岩油藏注采开发流固耦合数值模拟[J].特种油气藏,2017,24(3):76-80.

[98] 董舒,盛建龙,杨明财,等.降雨作用下露天矿边坡流固耦合稳定性分析[J].化工矿物与加工,2018,47(2):31-35.

[99] 胡云进,速宝玉,仲济刚.有地表入渗的裂隙岩体渗流数值分析及工程应用[J].岩石力学与工程学报,2000,19(增刊):1019-1022.

[100] 蔡光桃,隋旺华.采煤冒裂带上覆松散土层渗透变形的模型试验研究[J].水文地质工程地质,2008,35(6):66-69.

[101] 李勇,朱维申,王汉鹏,等.新型岩土相似材料的力学试验研究及应用[J].隧道建设,2007,27(增刊2):197-200.

[102] 李鸿昌.矿山压力的相似模拟试验[M].徐州:中国矿业大学出版社,1988.

[103] JACOBY W R,SCHMELING H. Convection experiments and the driving mechanism[J]. Geologische rundschau,1981,70(1):207-230.

[104] WIENS D A,STEIN S,DEMETS C,et al. Plate tectonic model for Indian ocean "intraplate" deformation[J]. Tectonophysics,1986,132(1-3):37-48.

[105] KINCAID C,OLSON P. An experimental study of subduction and slab migration[J]. JGR solid earth,1987,92(B13):13832-13840.

[106] SHEMENDA A I. Horizontal lithosphere compression and subduction:constraints provided by physical modeling[J]. Journal of geophysical research atmospheres,1992,97(B7):11097-11116.

[107] 龚召熊,郭春茂,高大水.地质力学模型材料试验研究[J].长江水利水电科学研究院院报,1984(1):32-46.

[108] 赵阳升.矿山岩石流体力学[M].北京:煤炭工业出版社,1994.

[109] 毛昌熙.渗流计算分析与控制[M].北京:水利电力出版社,1990.

[110] 张伟.渗流场及其与应力场的耦合分析和工程应用[D].武汉:武汉大学,2004.

[111] 唐春安.岩石破裂过程数值试验[M].北京:科学出版社,2003.

[112] 唐春安,徐曾和,徐小荷. 岩石破裂过程分析 RFPA²ᴰ 系统在采场上覆岩层移动规律研究中的应用[J]. 辽宁工程技术大学学报(自然科学版),1999,18(5):456-458.

[113] TANG C A. Numerical simulation of progressive rock failure and associated seismicity[J]. International journal of rock mechanics and mining sciences,1997,34(2):249-261.

[114] 杨天鸿,唐春安,徐涛,等. 岩石破裂过程的渗流特性:理论、模型与应用[M]. 北京:科学出版社,2004.

[115] 钱鸣高,朱德仁,王作棠. 基本顶断裂形式及对工作面的影响[J]. 中国矿业学院学报,1986,15(2):9-18.

[116] 钱鸣高,赵国景. 基本顶断裂前后的矿山压力变化[J]. 中国矿业学院学报,1986,15(4):11-19.

[117] 钱鸣高,缪协兴,许家林. 岩层控制中的关键层理论研究[J]. 煤炭学报,1996,21(3):2-7.

[118] 刘卫群,顾正虎,王波,等. 顶板隔水层关键层耦合作用规律研究[J]. 中国矿业大学学报,2006,35(4):427-430.

[119] 朱珍德,孙钧. 裂隙岩体非稳态渗流场与损伤场耦合分析模型[J]. 水文地质工程地质,1999,26(2):37-44.

[120] 张文杰,陈云敏,凌道盛. 库岸边坡渗流及稳定性分析[J]. 水利学报,2005,36(12):1510-1516.

[121] 茅献彪,缪协兴,钱鸣高. 采动覆岩中复合关键层的断裂跨距计算[J]. 岩土力学,1999,20(2):1-4.

[122] 侯朝炯,马念杰. 煤层巷道两帮煤体应力和极限平衡区的探讨[J]. 煤炭学报,1989(4):21-29.

[123] 吴立新,王金庄,郭增长. 煤柱设计与监测基础[M]. 徐州:中国矿业大学出版社,2000:3-5.

[124] 白矛,刘天泉. 条带法开采中条带尺寸的研究[J]. 煤炭学报,1983(4):19-26.